滩浅海采油人工岛构筑高层建筑动力响应特性研究

芮勇勤　金易锡　Doan Vanlong　ASHRAF　编著

东北大学出版社

·沈阳·

ⓒ 芮勇勤　金易锡　Doan Vanlong　ASHRAF　2024

图书在版编目（CIP）数据

滩浅海采油人工岛构筑高层建筑动力响应特性研究 /
芮勇勤等编著. — 沈阳：东北大学出版社，2024.1
　ISBN 978-7-5517-3500-1

　Ⅰ. ①滩… 　Ⅱ. ①芮… 　Ⅲ. ①浅海海滩－石油开采－
填海造地－高层建筑－动态响应 　Ⅳ. ①TU971

中国国家版本馆 CIP 数据核字（2024）第 035741 号

内容摘要

　　随着我国开发海底资源，进军海洋建设，我国已成功建设了一系列海上人工岛。而对于滩浅海地区海底石油开采，我国冀东南堡油田采用了"海油陆采"，建设海上人工岛开采的新方式。基于冀东南堡油田人工岛建设后的不可变性，以及陆上土地资源日趋紧张及其资源节约需求，采油工业人工岛在工业使用期结束后，如何再次利用开发建设已有人工岛必将成为未来需要面临的问题。地震动力作用中建筑结构在多遇地震和罕遇地震下产生的最大层间位移角分别小于 1/800 和 1/100，满足我国建筑抗震设计标准，同时通过弹塑性分析研究，揭示其结构在罕遇地震作用下形成柱、梁混合塑性铰的塑性变形机制，进而论证滩浅海采油人工岛构建高层建筑结构具备良好的抗震性能。通过滩浅海采油人工岛构建高层建筑的风暴动力响应和地震+风暴动力响应研究，验证了高层建筑具有良好的抗地震+风暴动力特性。通过对滩浅海采油人工岛构筑高层建筑进行了有限元数值模拟动力学特性研究，渴望为同类工程提供借鉴。

出　版　者：东北大学出版社
　　　　　　地址：沈阳市和平区文化路三号巷 11 号
　　　　　　邮编：110819
　　　　　　电话：024－83680176（总编室）　83687331（营销部）
　　　　　　传真：024－83680176（总编室）　83680180（营销部）
　　　　　　网址：http://press.neu.edu.cn
　　　　　　E-mail: neuph@ neupress.com
印　刷　者：辽宁一诺广告印务有限公司
发　行　者：东北大学出版社
幅面尺寸：185 mm×260 mm
印　　张：15.5
字　　数：397 千字
出版时间：2024 年 1 月第 1 版
印刷时间：2024 年 1 月第 1 次印刷
责任编辑：杨　坤
责任校对：潘佳宁
封面设计：潘正一
责任出版：唐敏志

ISBN 978-7-5517-3500-1　　　　　　　　　　　　定　价：78.00 元

前　言

近年来，随着中国提出的"一带一路——海上丝绸之路"经济文化建设，特别是路经也门沿海带来的发展契机，结合中国高速公路、高速铁路的发展建设经验，尤其是建设也门沿海路堤工程，所面临在软砂土质粉质黏土等较弱土层上建设出现的海蚀、沉陷、滑坡难题，加之车辆、地震动力响应的作用问题，开展也门沿海高等级道路与铁道工程建造及其力学特性前期研究。根据也门沿海软土路堤道路与铁道工程建设中所面临的病害问题，借鉴并认识也门沿海与山岭地带路堤的建造中国模式；通过也门沿海环境和区域工程水文地质资料，结合中国高等级道路与铁道工程建造经验，建立了也门沿海高等道路与铁道工程建造力学特性技术路线；结合也门沿海特点，进行沿海软砂土层特性与固结沉降理论的分析，开展也门典型沿海软砂土层路基固结沉降规律研究，确定加载方案，软砂土地基路堤施工是一个加载—固结—再加载—再固结，即加载—超静水压力消散—再加载—再超静水压力消散；研究超静水压力消散有效措施；土工格栅、塑料排水板PVD、超载（如车辆荷载）可以提高路堤的稳定性和超静水压力消散。通过也门典型沿海软砂土层路基固结沉降规律研究，考虑有无塑料排水板PVD分析可知，考虑塑料排水板PVD路堤沉降量为0.28m，而无塑料排水板PVD路堤沉降量为2.227m，可见塑料排水板PVD可以有效地控制路堤沉降量；塑料排水板PVD排水性能；塑料排水板PVD可以有效消散超静水压力，是处理软砂土固结，提高路堤稳定性的有效措施。结合中国高等级公路中沿海软砂土路堤建设经验，采用数值模拟的方法分析了软砂土在PVD作用下的排水性能，并对施工过程进行了优化。如沿海高等路堤在施工建造的过程中，布置防波堤不仅起到快速固结填土路堤稳定性的作用，在地震计算中也能提高路堤的稳定性。通过软砂土沿海路堤地震动力响应分析，采用PVD布置于软砂土路基中，随着路堤土体填筑，加快了超静水压力消散的过程，由路堤填筑过程与有效地应力增长趋向关系分析可知，有效地应力增长最快在第一层土体铺设以后，之后趋于稳定；采用土工格栅、塑料排水板PVD、考虑地震作用，沿海堤软砂土的沉降、力学特性分析表明，超静水压力消散固结有利沿海路堤稳定性。

随着我国开发海底资源，进军海洋建设，我国已成功建设了一系列海上人工岛。而对于滩浅海地区海底石油开采，我国冀东南堡油田采用了"海油陆采"，建设海上人工岛开采的新方式。基于冀东南堡油田人工岛建设后的不可变性，以及陆上土地资源日趋紧张及其资源节约需求，采油工业人工岛在工业使用期结束后，如何再次利用开发建设已有人工岛必将成为未来需要思考的问题。以冀东南堡油田 1 号人工岛为例，深入探讨滩浅海采油人工岛构筑高层建筑的可行性。利用 PKPM 建模与有限元数值模拟分析技术，针对采油人工岛储油荷载和高层建筑荷载作用条件，以及构建的高层建筑结构台风风暴、地震环境，进行了动力响应力学特性研究。主要完成了以下工作：利用有限元数值分析技术，分析了滩浅海采油人工岛工后及采储油工业运营期情况下的应力应变分布状态，揭示了人工岛产生位移沉降规律和剪切破坏区主要分布在柔性护坡体处，确保了人工岛整体结构稳定，未出现滑移失稳特征。利用 PKPM 建模与有限元数值分析技术，对滩浅海采油储油荷载作用和高层建筑荷载作用人工岛进行了地震动力响应分析，滩浅海采油人工岛 7 级烈度地震动力响应值偏大，有发生大变形失稳破坏的可能；高层建筑荷载作用人工岛地震动力的响应值偏小，发生大变形失稳破坏的可能性小，进而论证了滩浅海采油人工岛构筑高层建筑的可行性和优势。依据我国相关高层建筑规范以及国内外人工岛高层建筑相关经验，对滩浅海采油人工岛上的高层建筑结构进行了多方案对比，采取核心筒平面尺寸 16.2m×33m 的型钢混凝土框架−核心筒大底盘双塔结构的形式较为经济合理且技术可行，进一步揭示出替换钢筋混凝土柱为型钢混凝土柱提高结构延性、减少材料用量、减轻结构自重，优化了核心筒尺寸及框架柱间距对结构性能的影响。利用 PKPM 建模与有限元数值分析技术中时程分析方法，对滩浅海采油人工岛构筑高层建筑进行地震动力响应分析。地震动力作用中建筑结构在多遇地震和罕遇地震下产生的最大层间位移角分别小于 1/800 和 1/100，满足我国建筑抗震设计标准，同时通过弹塑性分析研究，揭示其结构在罕遇地震作用下形成柱、梁混合塑性铰的塑性变形机制，进而论证滩浅海采油人工岛构筑高层建筑结构具备良好的抗震性能。通过滩浅海采油人工岛构筑高层建筑的风暴动力响应和地震+风暴动力响应研究，验证了高层建筑具有良好的抗地震+风暴动力特性。通过对滩浅海采油人工岛构筑高层建筑进行了有限元数值模拟动力学特性研究，渴望为同类工程提供借鉴。

本书由金易锡提供依托工程资料，同时借鉴中国建设者、科研人员工程实践经验，芮勇勤教授、金易锡研究生、ASHRAF ABDULWASEA ALI ABDULLAH AL-JARMOZIE（阿杜）研究生、Doan Vanlong（团文龙）研究生等通过开展专门研究汇总编写，在此我们深深地感谢同行专家学者们给予的技术支持与指导。

编著者

2023 年 4 月

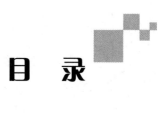

目　录

第1章 研究背景与目的意义

1.1 研究背景

近年来，我国成功建造了一系列海上人工岛。我国的海上人工岛建设主要在南海，那里岛礁众多，主要是利用岛礁进行填海扩建，用来建设军事机场和堡垒（见图1.1）；在浅海地区，主要采用填海路堤或栈桥的形式（见图1.2）。在海油开采方面，之前不同海深基本都是采用海上钻井平台的形式（见图1.3），而对于滩浅海，为满足滩海油藏勘探开发需要，我国在冀东南堡油田也运用了建造人工岛开采的新方式（见图1.4）。

图1.1 岛礁填海扩建机场道面

图1.2 浅海填海路堤或栈桥

图1.3 海上钻井平台

1

图 1.4　滩浅海采油人工岛礁

冀东油田人工岛位于渤海湾唐山南部滩浅海上(见图 1.5)。工程海域属粉砂质海岸,浅滩、深槽、沙脊交错分布,海域地形条件复杂。工程处于外海且无掩护,风浪流较大,冬季受冰冻影响且冰荷载大,安全环保要求苛刻。与传统的海上钻井平台不同,海上人工岛不易于拼装和拆卸,建成后便具有一定的不可变性。考虑到在采油作业的使命完成后不使人工岛荒废,并可以对人工岛进行人居改建开发二次等利用,就需要以较高的要求来设计人工岛。

图 1.5　建成的 1 号、2 号、3 号共 3 座人工岛

海上人工岛的人居建设,国外已有许多先例,建造高层建筑的也不在少数。位于迪拜的阿拉伯塔酒店(见图 1.6)就建造在阿拉伯海填出的人工岛上,共有 56 层 321m 高,其外形如同一张鼓满了风帆的帆船,其以剪力墙为主体结构,内部加入了对角角桁架,使外部钢框架联系在一起,增强了结构的稳定性和抗震性。阿塞拜疆首都巴库西南方的里海之滨也正在进行哈扎尔人工群岛的建设,阿塞拜疆塔(见图 1.7)作为该项目的一部分也将在岛上建设。阿塞拜疆塔设计总高 1050m,共 189 层,整个塔由 6 个管状塔组合而成,建成后阿塞拜疆塔将成为世界最高的建筑。

图 1.6　阿拉伯塔酒店

图 1.7　阿塞拜疆塔效果图

我国海上人工岛的建设是在 20 世纪 90 年代开始的,对于人工岛上建造高层建筑没有太多经验可谈。例如功能设定、规模布局、设计标准、选址、关键基础数据采集、土地平整和基础处理、护岸结构设计、施工组织设计、生态和环境保护等的大规模探索空间等,都是海上人工岛在建设时需要面临的问题。未来,我国人工岛建设会有十分广阔的发展前景,海上人工岛上也会逐渐盖起高楼。现阶段,十分有必要总结人工岛建设的关键技术,分析人工岛建设高层建筑的适用方案及其力学特性。

1.2 研究目的

填海造地或建造海上人工岛的项目已引起我国许多沿海城市的兴趣，还因此制订了诸多相关计划且有许多工程已建成，此类项目在未来预计也会有较好的发展前景。

前面所列举的海上大型人工岛设计关键技术还只是前期研究的初步成果，工程特殊的性质、建设客观环境条件，以及政府针对环境与生态提出的种种政策，都对海上人工岛的设计与建设提出了较高的要求。虽然根据人工岛的用途不同，其设计与建设时期所面临的问题也各不相同，但是其中的技术问题却具有内在的规律性。况且我国还没有海上人工岛建设高层建筑的先例，对于海上人工岛使用功能变化的改建研究更是一片空白，因此，深入地、系统地开展海上大型人工岛高层建筑设计关键技术研究逐渐显示出其必要性。

目前我国针对人工岛建设还没有专门的设计标准，而且也没有海上人工岛建设高层建筑的经验，鉴于设计标准对其安全性、投资、使用、工期等影响巨大，制定人工岛通用设计标准，获取人工岛高层建筑建设技术和经验变得非常必要与迫切。在某个特定人工岛设计的过程中，其设计标准、水文地质情况、场地的选定、平面布置方案、护岸结构、地基处理技术以及施工方法都具有特殊之处，应当根据具体项目有针对性地展开相应研究。对于人工岛的改建，更应在人工岛原先的标准上研究改建的可行性，确定合理的改建方案。

1.3 研究意义

地球表面是由29%的陆地和71%的海洋组成的，随着人类社会文明的发展，陆地资源已变得日益紧张，人们在寻找生存空间的道路上，也渐渐地将目光转向了广阔的海洋。土地资源紧缺的现象在沿海地区表现得尤为明显，其中，沿海发达地区表现更甚，一些对国计民生有着重大影响的大型建设项目早已没有足够的土地可供使用，适合港口建设的优良海岸线也所剩不多。为了解决此类问题，填海造地的需求在近几年来有了大幅提升，同时为了避免填海造地项目对生态环境带来负面影响，海岛资源的开发以及人工岛的建设慢慢成为人们解决陆地资源问题的首选方式。目前，人工岛建设主要用于海上油气平台(见图1.8)、海上机场、深水港口、海上城市、工业岛等具有非常重要现实意义的项目之中。

图 1.8　滩浅海上的采油人工岛

1.4　依托工程背景

依托工程为位于河北省唐山市曹妃甸新区西侧浅滩的冀东油田采油人工岛，冀东油田 1 号至 3 号人工岛先后于 2007—2009 年建成，年均建设 1 座。已建成的 1 号人工岛航拍图如图 1.9(a)所示，1 号人工岛有海上路堤连接陆地，路堤中埋藏着输油管线和供电电缆，见图 1.9(b)。1 号至 3 号人工岛是一座海上人工孤岛，水深 5m 左右，由吹沙造地而成，呈近似椭圆形。1 号人工岛滩面高程 $-2.8 \sim 0.5\mathrm{m}$，面积 $2.748 \times 10^{5}\mathrm{m}^{2}$，围堤总长 2020m，吹填沙 $3.2 \times 10^{6}\mathrm{m}^{3}$；2 号人工岛滩面高程为 $-3.2 \sim -0.6\mathrm{m}$，面积 $2.298 \times 10^{5}\mathrm{m}^{2}$，围堤总长 1776m，吹填沙 $2.75 \times 10^{6}\mathrm{m}^{3}$；3 号人工岛滩面高程 $-5.8 \sim -4.0\mathrm{m}$，面积 $1.333 \times 10^{5}\mathrm{m}^{2}$，围堤总长 1374m，吹填沙 $2.486 \times 10^{6}\mathrm{m}^{3}$。

(a)1 号人工岛航拍图

(b)1号人工岛进岛公路

图 1.9 冀东油田 1 号人工岛

冀东油田人工岛工程设计主要有以下特点及难点。

(1)人工岛首先要满足勘探开发工艺的要求,在此前提下,选址地点要能够保证人工岛的建设要求,确保人工岛安全稳定,同时需要注意在人工岛建设之后是否对海洋环境有不利影响,工程区域的地形地貌、水文泥沙动力、岸滩稳定性等因素应在选址时重点考虑。

(2)人工岛的平面布置应当以满足使用功能为首要目标,并结合波浪潮流等水文动力条件确定具体布置方式。海床地质上部土层主要为淤泥质黏土和松散的粉砂土,在海浪的冲刷作用下,人工岛地基滩底容易受到松散破坏等不利因素的影响,尤其是在沙脊上建造的人工岛,为了确保人工岛岸滩稳定安全,应采取可靠的保滩护底措施。

(3)由于人工岛工程处于外海,没有遮挡物可作为掩护体,因此容易受到大风浪的侵袭。渤海海面在冬季会出现冰冻现象,冰的荷载较大,对人工岛也会产生不利影响。本地区石料缺乏,采用石料吹填成本较高并且效率较低,但是有充足的海沙可做吹填原料(见图 1.10)。这些都是人工岛结构设计时需要重点考虑的因素。

人工岛上的高层建筑,则以阿拉伯塔酒店为主要参考,其上部结构与地基的接触方式如图 1.11 所示,基础设置 250 根钢筋混凝土基桩打进 40m 深海下,以支撑上部结构。结构以框架剪力墙为主,用钢弧形架和对角桁架作为外架支撑建筑背后的混凝土核心,并借助安装在外甲弱点处的调和质块阻尼器加强建筑的抗风抗震性能(见图 1.12)。

本书收集了冀东油田人工岛工程地质勘查报告、初步总体设计和现场施工相关资料,以及工程所在地区气象分布规律,了解工程所在地区地理气候条件,并利用有限元分析软件进行工程项目的模型建立和数值模拟分析。

图 1.10　南堡油田海上人工岛吹填现场

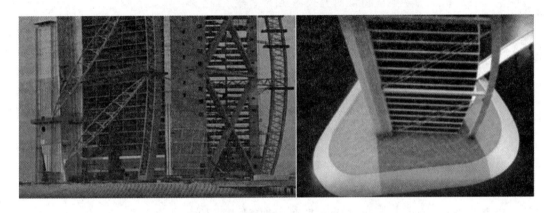

图 1.11　阿拉伯塔结构与人工岛的位置关系

图 1.12　调和质块阻尼器所在位置

1.5 主要研究内容

（1）依托实体工程分析。在对本工程的水文地质资料、初步总体设计和现场施工相关资料进行收集的同时，检索了国内外相关工程文献。结合施工过程中、运营维护中出现的问题，利用有限元分析软件进行工程项目的模型建立和数值模拟分析。

（2）研究技术路线建立。依据原有初步总体设计，结合现场实际施工情况，进行施工过程中的设计优化。结合施工过程中、运营维护中出现的问题，建立滩浅海采油人工岛构筑高层建筑动力学响应特性研究技术路线。

（3）滩浅海采油人工岛构筑及其力学特性分析。分析我国海上大型人工岛建设关键技术，依据流固耦合渗流机理及其分析技术开展软沙土地基人工岛力学特性分析。

（4）滩浅海采油人工岛及高层建筑荷载作用动力响应分析。开展滩浅海人工岛在采储油荷载作用下和构筑高层建筑荷载作用下的地震动力响应分析，对比两种工况条件下的人工岛力学特性。论证滩浅海人工岛构筑高层建筑的可行性。

（5）滩浅海采油人工岛构筑高层建筑方案选择。通过分析环境条件进行滩浅海采油人工岛高层建筑结构方案选择，并进行高层建筑结构影响因素分析与设计。

（6）滩浅海采油人工岛高层建筑结构动力响应分析。依据时程分析理论与方法，进行滩浅海采油人工岛高层建筑结构地震动力响应分析；依据等效风荷载理论，进行滩浅海采油人工岛高层建筑结构风暴动力响应分析；将地震动力和风暴动力作用叠加，分析风、震共同作用下的建筑结构动力响应。

1.6 研究技术路线

进行国内外文献综述，查阅相关课题内容资料，综合考虑本书研究课题的可行性。采用数值模拟和理论分析相结合的方式，并辅以一定的实验验证，来完成研究。目前，关于人工岛软沙土蠕变固结以及稳定性的研究已经有了一定的基础，利用有限元分析软件进行工程项目的模型建立和数值模拟分析，并且经过各种实际工程检验后，已经具有很好的计算精度和很高的可靠性。本书根据相关建筑设计规范，对滩浅海采油人工岛上的高层建筑进行方案设计，并利用有限元分析软件对建筑结构模型进行性能研究。研究所需要的实验设备以及软件等研究条件都已完全具备，能够保证研究的顺利进行。

第 2 章　相关研究文献综述

无论是建设人工岛还是软土地基上建设高层建筑，工程都具有一定的复杂性，而对于滩浅海采油人工岛构筑高层建筑，其所面临的问题会更多。从填海造陆工程第一次实施开始，学术界和工程界就在不断研究和总结相关理论和经验。本章将概述前人的研究成果，为研究工作的开展奠定理论基础。

2.1　我国人工岛的软土地基处理

改革开放 40 多年来，我国人工岛的扩建工程主要经历了三个阶段，在改扩建工程中对软土地基排水情况处理也有了质的飞跃。

（1）1985—1995 年。

技术方法：① 塑料排水板：固结排水，三轴实验，超静水压力，土体固结排水，孔隙水压力与消散；② 砂桩，悬喷桩；③ 适应荷载量增加的钢筋笼灌注桩（刚性桩）。

排水固结方法，通过在软砂土路基中设置塑料排水板竖向排水体系，在路基中形成竖向排水通道，并与路堤施工初期铺设的水平排水砂垫层相连接，形成排水系统。通过填筑路堤的施工过程对路基产生压力，来使软砂土路基中的超静水压力排出。图 2.1 为排水固结法增大土体密度，增加地基承载力原理图。

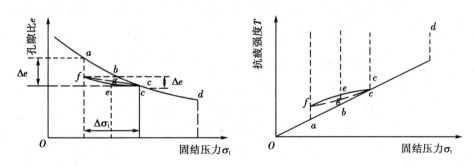

图 2.1　排水固结法增大地基土密度的原理

填土作用软砂土缓慢固结，其过程解释为有效应力等于总应力与超静水压力的差值：

$$\Delta\sigma' = \Delta\sigma - \Delta u \tag{2.1}$$

通过增加 $\Delta\sigma$，使 Δu 消散，从而使 $\Delta\sigma'$ 增加。塑料排水板处理适用于渗透系数小的软黏土、淤泥质土、淤泥地基。如果软弱土层较厚，只要加载大小和预压范围适当，路基承受正应力排水固结加固软砂土地基效果明显。排水体塑料排水板排水机理功能见图 2.2。

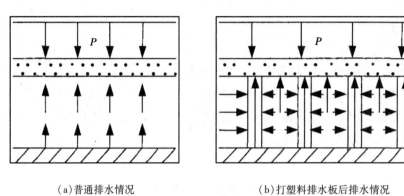

（a）普通排水情况　　　　　　　　　（b）打塑料排水板后排水情况

图 2.2　排水方法原理图

根据固结理论，图 2.2（a）以自然边界作为基础排水的竖向排水，加快软砂土固结的增加土层的排水途径。图 2.2（b）以土体超静水压力沿水平向从不同的深度竖向排水体排出，塑料排水板施工根据此原理设计，缩短渗透路径，加快地基固结。

（2）1995—2005 年。

CFG（Cement Fly-ash Gravel）桩，即水泥粉煤灰碎石桩，是一种低强度混凝土桩，如图 2.3 所示。CFG 桩是用各种成桩机械将碎石、石屑、沙、粉煤灰掺水泥加水拌和制成的，该桩的特点是强度具有一定的可变性，让桩介于刚性桩与柔性桩之间，通过改变水泥掺量及配比，可以使桩强度等级在 C15～C25 内发生变化。CFG 桩总体表现出良好的技术性能和经济效果，能够充分利用桩间土的承载力共同作用，通过褥垫层形成 CFG 桩复合地基，将上部荷载传入深层地基。CFG 桩一般不用计算配筋，甚至在掺和料的选择上可以采用工业废料粉煤灰和石屑，进一步降低工程成本。CFG 桩的适用范围广，在沙土、粉土、黏土、淤泥质土、杂填土等地基均有大量成功的实例。

（3）2005—2015 年。

PHC（Prestressed High-intensity Concrete，预应力高强混凝土）桩，是一种由专业厂家生产的细长空心等截面预制混凝土构件。其生产方法主要是先通过先张法预应力、掺和磨细料、高效减水剂等先进工艺将混凝土离心脱水密实成型，再通过经常压、高压两种压力下的蒸汽进行养护。PHC 桩在运至施工现场后，一般是通过锤击法或静压法将桩管打入地下形成桩基础，同时由于 PHC 桩的穿透力比较强，桩管可以穿透较厚的砂质土层，使桩端嵌固在可靠的持力层上。由于 PHC 桩具有十分良好的性能，且单桩承载力的性价比也比较高，因而得到广泛运用，其间也出现了许多专门生产 PHC 桩的厂家。我国

图 2.3　CFG 桩施工现场

PHC 桩主要应用在民用建筑、桥梁、港口码头、水利工程等项目中。如图 2.4 所示。

（a）制作　　　　　　　　　　　　　　　　　（b）验收

图 2.4　PHC 桩施工现场

2.2　人工岛建设技术进展和经验

人工岛根据使用功能主要可以分为工业人工岛、交通用人工岛、储存场地、娱乐场所、农业渔业用地等。海上人工岛具有建设标准、条件、技术复杂，施工组织复杂，配套设施复杂，工程量大，投入资金多等特点。

（1）国外海上人工岛建设技术进展和经验。国外有较多的人工岛建设案例，尤其是西方沿海国家，对人工岛建设技术研究比较早也比较多，日本、荷兰、美国、英国以及中东地区等都有已完成的人工岛建设项目。

① 日本是一个多山的岛国，人口密集。日本对于人工岛的研究早在 19 世纪初就开始了，并在北部湾建造了防卫用途人工岛。20 世纪 50 年代，由于开采海底煤矿的需要而建造了一些人工岛。20 世纪 60 年代，正处在经济高速发展时期的日本围绕各沿海地

区填海造地以发展工业，同时由于日本城市化发展需求，也很大程度地助推了填海造陆工程。20世纪70年代，日本将围垦的重点转移到了沿海人工岛，主要用途是扩建港口设施和机场，以避免工业污染。无论是数量还是规模，日本目前所拥有的人工岛都居于世界前列。日本对工程场地条件、护坡结构、地基处理、施工组织和生态环境保护等人工岛建设技术领域进行了深入研究。

② 在西方，荷兰的沿海工程历史悠久，Leygues三角洲40%的土地被大海包围。在1932年的须德海填海工程中，32km长的大坝将须德海湾与海洋横断隔开，将1660km² 的土地封闭。目前，荷兰无论是在其本土还是在其他国家，均拥有大量的工程，并且具备了丰富的相关建设经验，其填海技术也是世界领先，位于迪拜的棕榈岛就是由荷兰公司建造的。欧美其他国家和地区为了勘探海上石油和天然气，也在近海建造了一些人工岛。Rincon人工钻井岛于1958年在加利福尼亚州建成，海拔915m，位于约14m深处。20世纪70年代美国又在阿拉斯加和博福特海建造了20多个人工岛。基础数据的分析是欧美国家在人工岛设计上的着重点，其相应的研究内容包括地质和地面条件、风浪、冰和沿海变化、设计标准、岛壁结构、岛屿稳定性和沉降。

③ 其他国家。中东地区国家近年来在城市开发建设上兴起了一些人工岛工程项目，并且这些工程项目都具有较大的规模，较为著名的就是迪拜的棕榈岛。城市开发用途的人工岛比一般的工业用途的人工岛有更高的要求，除了传统的施工技术外，人工岛的平面布置方式、基础配套设施以及景观都需要充分考虑。

（2）国内海上人工岛建设技术进展和经验。

1992年，位于黄陂市岐口镇张巨河村东南海的张巨河人工岛成功建造，这是国内第一座人工油气岛，该人工岛呈圆形，距离海岸4.125km，外径为63.6m，墙高为12m，厚度为1.8m。此后人工岛也成了渤海油气田的主要发展形式。建设场地位于浅海地区、规模尺寸相对较小是油气开发用途的人工岛的主要特点。

中国第一个填海人工岛机场是澳门国际机场，该机场位于澳门氹仔岛东侧，整个机场总造陆面积1.15km²。海上填筑的人工岛作为飞行跑道区，包括跑道、平行滑行区、接触道路、安全区道路等。

作为港珠澳大桥主体工程与珠海、澳门的衔接中心，目前正在珠海拱北湾南侧建设珠澳口岸人工岛。该人工岛东西长930~960m，南北长1930m，总长约8000m。填海面积2.1756km²。除了连通主桥作用外，人工岛上还设有珠海、澳门两地的口岸，其填海工程主要包括护岸、土地平整、基础处理和交通船坞等。

中国虽然缺少人工岛建设的相关经验，且该类项目也处于起步阶段，还面临着诸多问题，但是通过沿海工程、港口工程的技术积累和经验总结，以及不断地学习借鉴国外先进的建设技术和经验，对于大型人工岛的建设，中国现阶段已具备足够的能力。

2.3　土动力学理论发展

作为土动力学和岩土地震工程的基础理论,土体动力特性和动力学理论从不同角度研究了不同动荷载下土体变形特性、强度和能量消耗特性以及相对的分析理论和方法。土体在主要的几类动荷载作用影响下,诸如地震、波浪、交通荷载等,通常会产生速率效应和循环效应。速率效应是在极小的时间里快速向土体上施加荷载所引起的;循环效应是在土体上不停地反复地施加荷载所引起的。

1936 年,一些学者开始进行土与结构动力相互作用的研究,动力基础的振动则是当时的研究侧重点。与地基土的变形相比,动力机器基础可以看作刚体。地基土的应变值较小,土体基本只产生轻微变形。地基和基础之间一般联结性较强,不易开脱和滑移,并以线性模简化研究对象,研究内容包括基础形状、埋深、土介质参数等的影响。对简化处理边界的模型采用的解析法是研究常用的方法。对于土与结构动力相互作用的研究在初期的成果,麻省理工学院的 Kausel 教授做出了评述。随着计算机技术、实验系统设备的迅猛发展,以及各类建设工程设计的需要,模型数值模拟和计算方法等方面的重大进展对土与结构动力相互作用研究起到推动作用。模型数值模拟研究分别经历了从线弹性、黏弹性土体到弹塑性等非线性土体,从均匀介质土体到非均匀介质土体,从单相介质土体到多相介质土体,从刚性基础和结构到柔性基础和结构,从单纯的基础—地基相互作用到复杂的上部结构—基础—桩—土相互作用,从确定性模型到非确定性模型这六个方面的过渡。研究方法也从早期的解析法演变为数值模拟法、模型试验法、原型观测法等,其中成果最为明显的是数值模拟法。为了能够将数值模拟法运用到研究土与结构动力相互作用的工作中,瑞典的 Wolf 教授为推动该方面研究的进展做出了许多贡献。关于土与结构动力相互作用的相关研究在近年来已获得了丰硕的成果,并且有了明显的进展,但是仍然有一些值得去进一步深入研究的复杂问题等待着学者去解决,还有许多研究方面也等待着学者去探索和发展。

2.4　软土地基动力响应稳定性分析

(1)定性分析方法。通过工程地质勘察,对影响软土地基动力响应稳定性分析的主要因素、可能的形变破坏方式及失稳的力学机制等分析,对其成因及演化史进行分析,从而定性说明和解释被评价桥梁工程基础动力响应稳定性状况及其可能的发展趋势。工程结构类比法、自然历史分析法、结构稳定性分析数据库、专家系统及图解法等是几类常用的方法。

(2)定量分析方法。该方法主要分为两类，目前稳定性分析中最常用的方法是极限平衡法。另一种是以有限元法为典型代表，将结构体的非均质、不连续、大变形等特性考虑在内的数值分析法。

数值分析方法又可以归纳为两类：一类是连续介质分析方法，包括有限差分法（FDM）、有限元法（FEM）、边界元法（BEM）、无单元法（Meshless Method）、扩展有限元法（XFEM）和比例边界有限元法（SBFEM）等；另一类是离散介质力学方法，包括刚体极限平衡法、刚体弹簧元法（RBSM）、块体和颗粒体离散元法（DEM，如商业软件 PFC）、不连续变形法（DDA）等。有限元法发展较早、应用较成功，它能很好地适应工程问题的复杂边界及复杂构成，能考虑如弹性、弹塑性、黏弹塑性、黏塑性等工程材料的复杂本构关系。它可以针对对象的变形与应力大小及分布进行计算分析，便于分析工程对象的破坏机制时采用应力或应变的准则。另外，将两种分析方法耦合，建立统一的连续介质-非连续介质分析方法，也方便了对土介质从小变形到大变形的破坏的整个过程的研究。在对孔隙水渗流作用对岩土工程边坡、地下结构的变形和稳定的影响问题，以及核废料地下存储结构的热流-水力-岩石（THM 耦合问题）的相互作用问题等的研究中，多相耦合介质分析方法的运用也常受到人们青睐。同时，对于 THM 耦合问题的分析研究，大多采用连续介质模型。传统的宏观唯象模型不能将岩土材料的物理性质全部反映出来，为了便于理解宏观力学现象，微细观力学模型的发展从材料破坏机理的角度进行了展开。此外，细观力学也用于岩土材料的多尺度效应评估，因此，多尺度宏-细-微观力学分析模拟在未来还有十分广阔的应用前景和研究意义。1970 年，Cundall 最早提出了离散单元法（DEM），牛顿运动定律是该方法的基本原理，对于不连续介质、大变形、低应力水平情况比较适用。其优点主要有两点：一是可以同时反映岩块之间的大位移和计算岩块内部变形产生的应力分布；二是在求解动力平衡方程时运用时间差分解法（动态松弛法），这对于非线性大位移与动力稳定性问题的求解十分有利。Cundall 针对材料非线性和几何非线性提出了快速拉格朗日分析法（FLAC），以动态运动方程的方式克服系统模型内的不安定因素，有效地解决了连续介质大变形的问题。石根华提出了非连续变形分析方法（DDA），用于分析不连续变形的问题，这种方法融合了有限元和离散元的优点，并已在三维问题中得到了运用。随后，石根华在 1995 年基于研究 DDA 法与有限元数学提出了数值流形方法（NMM），该方法是 DDA 法与有限元法的统一形式，适用于不连续介质和大变形。NMM 将连续与非连续变形的力学问题基于最小位能原理和流形分析中的有限覆盖技术统一解决。卓家寿等源于 Kawai 提出的弹簧元模型，进一步提出了能够适用于分析不连续、非均质、各向异性和各向非线性问题、场问题以及模拟各类杆件结构复杂空间布局和地震荷载扰动的界面元理论和方法的界面元方法。

2.5　高层建筑桩基础施工处理措施

在黏土松散、软弱基础的地质环境下，高层建筑基础应用桩基础能相对激发其抵御较大荷载，达到均匀沉降这一目的。高层建筑桩基础施工技术主要有以下处理措施。

（1）换填料层法。在挖出建筑工程地基后，置换地面所形成的全部或者部分软弱土层。在对其分层换填过程中，应选择诸如素土、砂软石、灰土以及工业废料等具有良好耐腐蚀性、透水性以及压缩性的材料，压实为地基持力层。对于部分土质较软、土质疏松等并不适合作为建筑地基的土质则应通过人工加固的方式处理。

（2）灌注桩。施工时常用干作业成孔、沉管成孔、泥浆护壁成孔等方法。先在桩孔中放入预制钢筋笼，待浇筑的混凝土凝结硬化后就成为灌注桩，如图 2.5 所示。

干作业成孔可以考虑使用人工挖孔和机械钻孔的方法，机械钻孔常用于沙土、粉土以及黏性土中，人工挖孔的方法主要用在黏性土中，条件允许时也可以用于粉土和淤泥质黏土中，但不能用于沙土和碎石中。沉管成孔一般采用振动冲击法、振动法、锤击法等，但这几种方法均会在施工过程中造成挤土、噪声、振动等不良影响。泥浆护壁成孔分为冲击成孔和循环泥浆护壁成孔两种，前者主要用于沙土、粉土以及砂性土，后者常用于粉土、一般性黏土、淤泥质土以及淤泥中。

图 2.5　海上钻孔灌注桩施工

（3）粉体喷射搅拌法。以搅和的方式将生石灰和水泥材料等拌合并应用于地质当中，而且还可以同原位土之间进行搅拌，通过适当搅拌使选取的加固材料同生石灰之间能够产生一系列化学反应，在对土质性状提升的同时还能够有效地增强自身的强度。目前这种方式的水泥材料应用得比较多，并且加强软土地基的强度主要采用粉喷桩的形式，以达到对铺筑路面的沉降量能够有效控制的目的。这种技术在我国工程建设中应用得也越来越广泛，且具有良好的发展前景。

2.6 岛上高层建筑动力学研究发展

高层建筑的动力学研究主要是地震动力研究和风致效应研究。其动力研究方法主要依托振动台试验、风洞试验模拟以及数值模拟分析。模型试验动力相似理论领域的研究在国际上普遍认为难度较大，其主要包含了动力模型的设计理论、动力模型试验技术以及用模型推算原型性能中的一系列理论与实践问题等几个方面。我国对于结构模型动力相似理论研究十分重视，目前相继建成了十几座大型振动台并投入使用。

为了抵抗地震和风暴作用，国内外对高层建筑的动力响应做了诸多研究和实践。由于动力作用会导致上部结构和基础之间产生相互作用，1953 年，梅耶霍夫（G.G.Meyerhof）以建筑上部结构中任一点附近构件的变形协调关系为基础，提出楼层等效刚度的近似计算公式来估算框架结构等效刚度的公式来考虑相互作用。其后，岑米斯基（S.Chamecki，1956）运用荷载传递系数在单独基础的沉降分析中考虑上部结构刚度的影响。格罗霍夫（H.Grosshof，1957）又着重研究上部结构刚度对基底反力分布的影响。对于混合结构的动力研究，吕西林、沈德建利用振动台试验验证了不同比例钢-混凝土混合结构高层建筑在自振频率、振型、加速度放大系数、楼层最大位移、楼层剪力等动力特性和动力反应方面具有较好的相似性。极端风气候也是世界主要灾难之一，例如，台风"安比"就对中国产生极大影响（见图 2.6），对于海岛上的建筑结构抗风性能也尤为重要。

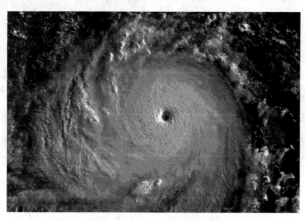

图 2.6　台风"安比"气象卫星图

为了方便研究，结构风工程研究多用等效静力风荷载的方法。Davenport 最先提出等效静力计算原理，他将总等效风荷载与平均风荷载之间的关系通过一个结构位移的放大系数来反映，并总结为阵风荷载因子法（Gust Load Factor，简称 GLF 法）。随着相关研究的不断深入，人们发现 GLF 法在计算时会产生较大误差，张相庭通过研究顺风向风荷载得出等效风振力法，认为等效静力风荷载为结构在一阶振型的风振力和平均风荷载之和，但是该方法对结构离阶振型的影响欠缺考虑。Kasperski（1992）提出的荷载-响应相关法（Load-Response-Corelation，简称 LRC 法）解决了低矮建筑等效静力风荷载的问题，学术界普遍认为 LRC 法给出的风荷载分布形式发生的概率最大，因此在高层建筑背景风荷载的计算体系中引入了该法。中国台北 101 大楼是我国最典型的岛上高层建筑，该楼的设计利用高韧性接头和球形调制阻尼器（见图 2.7 和图 2.8），有效减弱了地震动和风动作用。

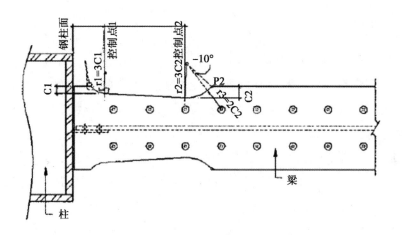

图 2.7　高韧性接头切割示意图

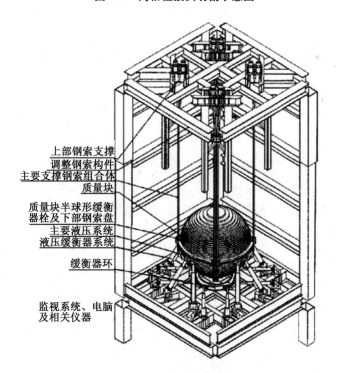

图 2.8　球形调制阻尼器组合构建图

第3章 滩浅海路基固结动力响应分析

随着中国经济的快速发展，高速公路软砂土路基作为常见形式，其科学的处理、使用、道路养护、施工等对生活有重要影响。软砂土是淤泥和粉土的一般术语，主要由天然含水量、高压缩性、低承载能力的泥砂和土、软砂土组成的腐殖质，少数指海岸、山谷、洪水沉积的细粒土，具有天然高含水量、高孔隙率、高压缩性、低剪切强度、低固结系数、固结时间长、灵敏度高、扰动大、渗透率低的特点，土层分布复杂，层间物理力学性能差异较大。主要表现在：高含水率和高孔隙率、弱渗透性、高压缩性、低剪切强度，更重要的是触变性和蠕变性，往往软砂土路基反演的折减强度低等特点。随着也门安全局势稳定，"一带一路"建设的快速发展，亚丁湾沿海将繁荣发展，将在沿海软砂土地层建设更多的公路，特别是高等级沿海软砂土路堤建设迎来机遇与挑战，面对亚丁湾经常的极端暴风雨和地震灾害，将开展高等级沿海软砂土路堤动力响应的分析。

3.1 软砂土层路基建模

在软砂土地基上的路堤由 2 层填土组成，路堤总高度为 3m，路堤坡率 1∶2，上下路堤以几何线分隔，路堤下布置有土工格栅、塑料排水板 PVD，软砂土地基由 4 层土体构成，从上至下分别为 4m 厚的砂层、10m 厚的泥炭层、14m 厚的黏土层和 12m 厚的砂层。图 3.1 是典型沿海软砂土路基形式，其中开展考虑有否塑料排水板 PVD 进行分析对比。有限元数值模拟中软砂土地基路基物理力学参数见表 3.1。路面车辆荷载以均布荷载考虑。

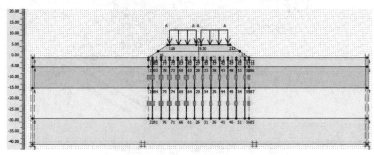

图 3.1 软砂土地基路基模型

表 3.1　地层土体参数

地层	Z/m	c/kPa	$\Phi(\%)$	Y	Y_{sat}	v	E/MPa	$k/(m/d)$
素填土		25	17	19.00	20.00	0.27	18.9	
浅层淤泥	3.5	9	15	17.84	18.15	0.33	2.6	3.02×10^{-3}
淤泥质粉质黏土	5.6	12	18	17.84	18.32	0.25	3.9	8.64×10^{-3}
粉砂土	1.5	0	27	18.72	19.15	0.23	10.8	5.62
基底换填材料	4.9	0	32	19.70	20.71	0.18	35.4	1.43×10^{-3}
旧路堤材料	5	11	14	17.74	17.84	0.3	2.7	7.34×10^{-3}
拓宽路堤材料	13.8	200	32	23.00	24	0.49	45.0	2.678×10^{-5}

3.2　软砂土层路基数值模拟计算步骤

沿海软砂土层路基计算步骤见表 3.2，分 12 步计算操作。

第 1 步：在加载下路堤的情况下，计算 10d 施工期的固结。

第 2 步：在第 1 步情况中，考虑计算下路堤长时间的超静水压力消散，并得到最小超静水压力 1.0kPa 后，计算停止。

第 3 步：在下路堤上填加上路堤，计算 10d 施工期的固结。

第 4 步：在第 3 步情况中，考虑计算上路堤长时间的超静水压力消散，并得到最小超静水压力 1.0kPa 后，计算停止。

第 5、6 步：路基路面工程竣工后，继续添加车辆动静等效荷载，计算 10d 的固结；接着考虑计算车辆荷载长时间的超静水压力消散，并得到最小超静水压力 1.0kPa 后，计算停止。考虑超静水压力压消散过程，并得到车辆荷载加载后的最小超静水压力 1.0kPa。

第 7～12 步是考虑各阶段的强度折减分析，目的是计算路基边坡安全系数。

表 3.2　计算步骤

工序步	计算工序号	起自工序	计算类型	加载约束类型	起始步
初始工序	0	0	N/a	N/a	0
工序步 1	1	0	固结分析	分步施工	1
工序步 2	2	1	固结分析	最小超静水压力	10
工序步 3	3	2	固结分析	分步施工	24
工序步 4	4	3	固结分析	最小超静水压力	29
工序步 5	5	4	固结分析	分步施工	42
工序步 6	6	5	固结分析	最小超静水压力	44
工序步 7	7	1	Phi/c 折减	增量乘子	51

表3.2(续)

工序步	计算工序号	起自工序	计算类型	加载约束类型	起始步
工序步 8	8	2	Phi/c 折减	增量乘子	151
工序步 9	9	3	Phi/c 折减	增量乘子	251
工序步 10	10	4	Phi/c 折减	增量乘子	351
工序步 11	11	5	Phi/c 折减	增量乘子	451
工序步 12	12	6	Phi/c 折减	增量乘子	551

计算中选取图3.2中的三个标志点，其中标志点分别位于路堤的路脚处、泥炭土中（地基第二土层）、黏土中（地基第三土层），以便于进行计算结果的对比分析。

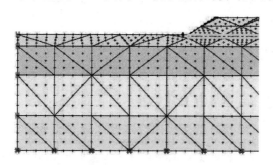

图3.2 单元关联性

图3.3显示了上下路堤加载与时间的变化关系。

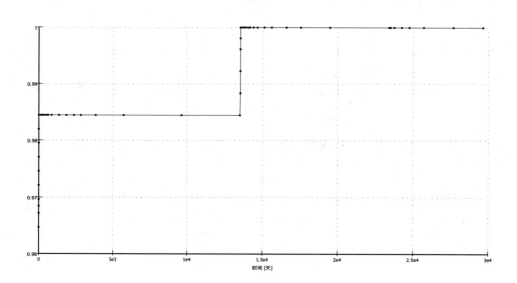

时间 [天]

图3.3 路基加载曲线

3.3　软砂土路基超静水压力消散固结稳定性分析

3.3.1　软砂土地基超静水压力消散

（1）图 3.4 显示了上路堤、下路堤和车辆荷载施加过程 a、b、c 观测点超静水压力消散变化曲线，主要结果如下：①随着上路堤、下路堤和车辆荷载各段施加，a、b、c 观测点超静水压力消散变化剧烈，由加载最高超静水压力（47.5kPa）加速衰减至最小超静水压力 1.0kPa，超静水压力消散时程各段逐渐缩短。②上路堤、下路堤荷载施加引起的最高超静水压力基本接近，远远高于车辆荷载施加引起的最高超静水压力。③地基第一、四土层超静水压力消散几乎瞬时完成，地基第二、三土层超静水压力消散时间较长，其中第三土层超静水压力消散时间比第二土层的长，可见地基第二、三土层采取塑料排水板 PVD 可以加速超静水压力消散（见图 3.5 和图 3.6）。

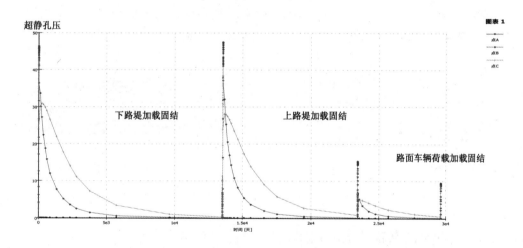

图 3.4　观测点超静水压力消散变化曲线

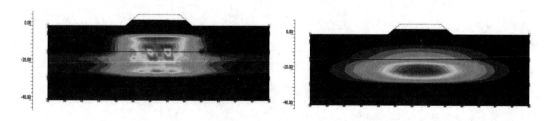

图 3.5　下路堤加载固结超静水压力 10d 消散图　图 3.6　下路堤加载固结最小超静水压力消散图

（2）图 3.6 是最小超静水压力消散图，相比图 3.5 加载下路堤 10d 固结后的超静水压力有了较大消散。图 3.5 和图 3.6 对比还可以看出：①加载下路堤后地基中第二土层 10d 固结后的超静水压力有了较大消散。②加载下路堤后地基中第三土层 10d 固结后的超静水压力也有了较大消散。其中，第一土层和第四土层超静水压力基本无变化。

（3）在下路堤上加载上路堤，图3.8最小超静水压力孔压消散相比图3.7加载10d固结后的超静水压力有了较大消散。图3.7和图3.8对比还可以看出：①加载上路堤后地基中第二土层10d固结后的超静水压力（45.17kPa）与最终孔压消散压力（0.825kPa）有了较大消散。②加载上路堤后地基中第三土层10d固结后的超静水压力也有了较大消散。其中，第一土层和第四土层超静水压力基本无变化。

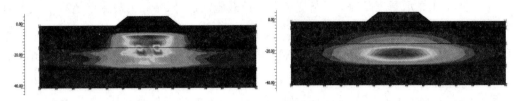

图3.7　上路堤加载固结超静水压力消散图　　图3.8　上路堤加载固结最小超静水压力消散图

（4）上下路堤填筑固结完成后，计算车辆加载10d超静水孔隙压力如图3.9所示，最大超静水压力为9.47kPa。图3.10计算车辆荷载超静水孔隙压力消散至最小孔隙压力情况，超静水压力为0.499kPa，可见车辆加载引起了超静水压力消散，引起地基的固结沉降，必须考虑地基第二、三土层采取塑料排水板PVD可以加速超静水压力消散。

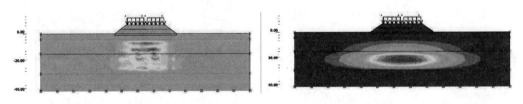

图3.9　路面车辆荷载加载固结超静水压力　　图3.10　车辆荷载加载固结最小超静水压力
　　　　　　　消散图　　　　　　　　　　　　　　　　　　消散图

3.3.2　软砂土地基路基沉降规律

（1）图3.11表示了路堤加载后地基土层沉降位移与时间的关系，即路堤荷载引起地基软砂土层固结导致路堤沉降，主要结果如下：①路堤坡脚点A的固结沉降，下路堤加载超静水压力消散后沉降位移达到0.448m，上路堤加载超静水压力消散后沉降位移达到0.639m，车辆荷载加载超静水压力消散沉降位移0.615m。②地基第二层泥炭层中点B的固结沉降，下路堤加载超静水压力消散后沉降位移1.082m，上路堤加载超静水压力消散后沉降位移1.775m，车辆荷载加载超静水压力消散沉降位移2.227m。

（2）图3.12分析了下路堤加载10d后沉降，路堤的最大沉降值为0.99m，其中沉降集中在路堤中部，第一土层有较大的沉降量。第二土层及其以下土层，沉降量逐渐减少，第四土层的沉降量最小。如图3.13所示，下路堤加载土体固结直至达到最小超静水压力之后，总沉降量为1.7m。

（3）上路堤加载引起路堤较大的沉降，如图 3.14 所示。上路堤加载 10d 后路堤的最大沉降达到 3.05m，沉降主要发生在第一土层砂层，第二土层泥炭层的沉降量在逐渐减小，固结到最小超静水压力之后，沉降量为 3.76m，如图 3.15 所示，沉降集中在路堤和第一土层砂层。

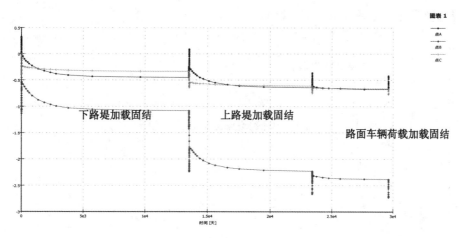

图 3.11　观测点沉降变化曲线

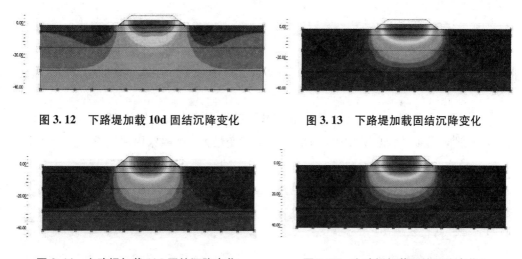

图 3.12　下路堤加载 10d 固结沉降变化　　　图 3.13　下路堤加载固结沉降变化

图 3.14　上路堤加载 10d 固结沉降变化　　　图 3.15　上路堤加载固结沉降变化

（4）车辆荷载加载 10d 后的沉降位移如图 3.16 所示，最大沉降位移达到 3.90m。车辆荷载加载，固结达到最小超静水压力后，沉降量为 4.01m，如图 3.17 所示。

图 3.16　路面车辆荷载加载 10d 固结沉降变化　　　图 3.17　路面车辆荷载加载固结沉降变化

3.3.3 软砂土路基稳定性分析

如图 3.18 所示，下路堤填筑固结前后路堤的稳定性安全系数由 1.432 到 1.445，上路堤填筑固结前后路堤的稳定性安全系数由 1.184 到 1.195，路面车辆荷载加载固结前后路堤的稳定性安全系数由 1.173 到 1.183。

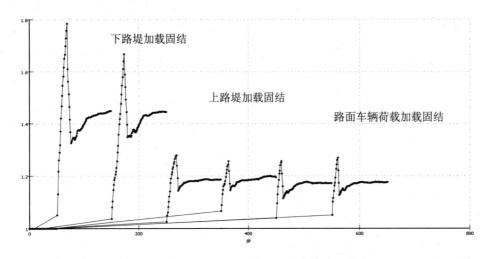

图 3.18　稳定性安全系数变化曲线

3.3.4 路堤加载固结地表应变

（1）图 3.19 和图 3.20 所示，下路堤加载固结地表应变最大值为 10.12%。选取第二土层的上部横截面应变曲线，中间对应上路堤应变最大，远离路堤两侧应变逐渐减小。

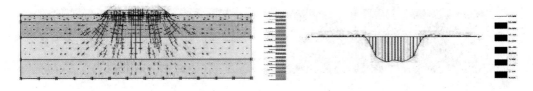

图 3.19　10d 荷载后下路堤层总应变　　**图 3.20　下路堤泥炭层总应变剖面**

（2）上路堤加载固结地表应变曲线见图 3.21 至图 3.23，第二土层产生的最大总应变为 22.06%，路堤上部截面最大水平应变达到 3.27%。

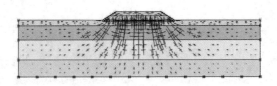

图 3.21　10d 荷载后上路堤层总应变

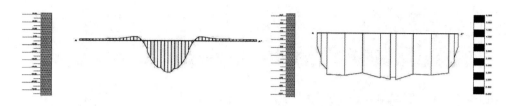

图 3. 22　上路堤泥炭层总应变剖面　　　**图 3. 23　路堤中部总应变截面**

（3）车辆荷载加载固结地表应变曲线如图 3.24 至图 3.26 所示，第二土层产生的最大总应变为 23.60%，路堤上部截面最大水平应变达到 3.76%。

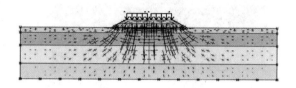

图 3. 24　10d 荷载后上路堤层总应变（车辆荷载）

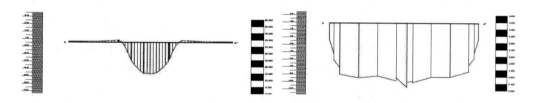

图 3. 25　路堤泥炭层总应变剖面（车辆荷载）　　　**图 3. 26　路堤中部总应变截面（车辆荷载）**

综上所述，在不考虑塑料排水板 PVD 作用的情况，上下路堤填筑、车辆加载固结引起了超静水压力消散，路堤出现较大的固结沉降，路堤边坡稳定性安全系数偏小，可见必须考虑对地基第二、三土层采取塑料排水板 PVD，加速超静水压力消散。

3. 4　软砂土路基塑料排水板超静水压力消散固结稳定性

3. 4. 1　软砂土地基超静水压力消散

图 3.27 和图 3.28 所示为下路堤填筑、考虑第一至三土层采取塑料排水板 PVD 情况，第三土层中最大超静水压力 27.42kPa，比无塑料排水板最大超静水压力 47.5kPa 明显减小。

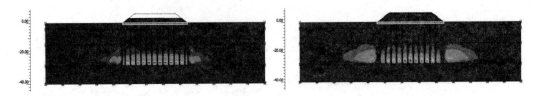

图 3.27　下路堤加载固结超静水压力消散　　**图 3.28　下路堤加载固结超静水压力消散**

图 3.29 所示为上路堤填筑、考虑第一至三土层采取塑料排水板 PVD 情况，第三土层中最大超静水压力 4.72kPa，比无塑料排水板最大超静水压力 9.47kPa 明显减小。

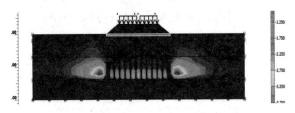

图 3.29　10d 荷载后上路堤层总应变

可见，考虑塑料排水板 PVD 可以有效、快速消散第二、三土层超静水压力。

图 3.30 显示典型断面路堤加载前后超静水压力产生与消散的变化关系，图 3.30(a) (b)对比可以看出：①A-A 断面超静水压力在第二、三土层中产生，路堤加载固结超静水压力消散，第二土层超静水压力完全消散，第三土层仍有超静水压力存在。②B-B 和 C-C 断面超静水压力在第二、三土层中产生，路堤加载对应地基固结超静水压力消散，第二土层超静水压力完全消散，第三土层超静水压力有所消散，仍有超静水压力存在。

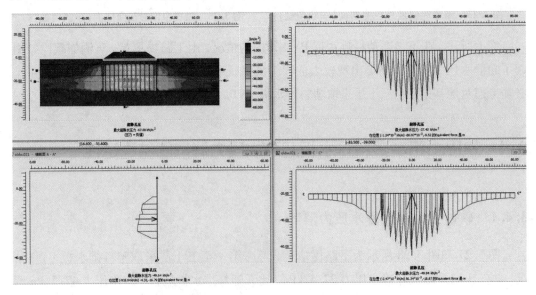

(a)超静水压力产生

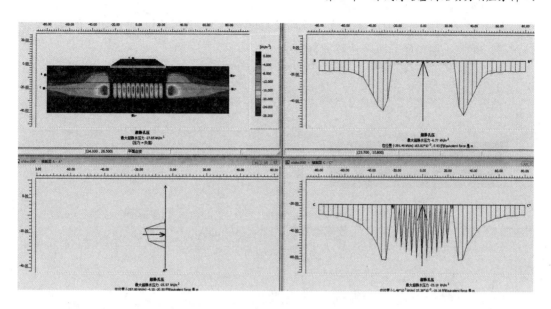

（b）超静水压力消散

图 3.30　上路堤加载固结观测点超静水压力消散与路堤中部超静水压力消散截面云图

3.4.2　软砂土地基路基沉降规律

如图 3.13 和图 3.14 所示，上下路堤加载、考虑塑料排水板 PVD 固结沉降变化情况。①下路堤加载，考虑塑料排水板 PVD 固结沉降 0.27m，比无塑料排水板 PVD 固结沉降 0.99m 小，表明塑料排水板 PVD 效果显著，如图 3.31 所示。②上路堤加载，考虑塑料排水板 PVD 固结沉降 0.54m，比无塑料排水板 PVD 固结沉降 3.05m 小，表明塑料排水板 PVD 效果显著，如图 3.32 所示。③车辆荷载加载，考虑塑料排水板 PVD 固结沉降 0.56m，比无塑料排水板 PVD 固结沉降 3.90m 小，表明塑料排水板 PVD 效果显著，如图 3.23 所示。

图 3.31　下路堤加载固结沉降变化　　　　**图 3.32　上路堤加载固结沉降变化**

图 3.33　路面车辆荷载加载 10d 固结沉降变化

图 3.34 表明了路堤荷载填筑固结前后位移变化情况，路堤顶面表现均匀位移，呈整体沉降。第三土层顶底面沉降位移差异较大。

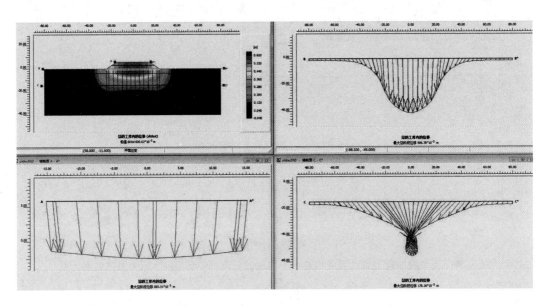

图 3.34 上路堤加载固结沉降变化与路堤中部沉降变化截面云图

3.4.3 软砂土路基稳定性分析

如图 3.35 所示，下路堤填筑固结前后路堤的稳定性安全系数由 1.453 到 1.468，上路堤填筑固结前后路堤的稳定性安全系数由 1.184 到 1.195。

综上所述，进行软砂土层特性与固结沉降规律分析，考虑有无塑料排水板 PVD 作用下的排水性能。主要结论：确定加载方案；软砂土地基路堤施工是一个加载—固结—再加载—再固结，即加载—超静水压力消散—再加载—再超静水压力消散的过程。通过分析可知，土工格栅、塑料排水板 PVD、超载（如车辆荷载）可以提高路堤的稳定性和超静水压力消散。通过考虑有无塑料排水板 PVD 分析可知，考虑塑料排水板 PVD 路堤沉降量为 0.28m，而无塑料排水板 PVD 路堤沉降量为 2.227m，可见塑料排水板 PVD 可以有效地抑制路堤沉降量。塑料排水板 PVD 排水性能：塑料排水板 PVD 可以有效消散超静水压力，是处理软砂土固结、提高路堤稳定性的有效措施。

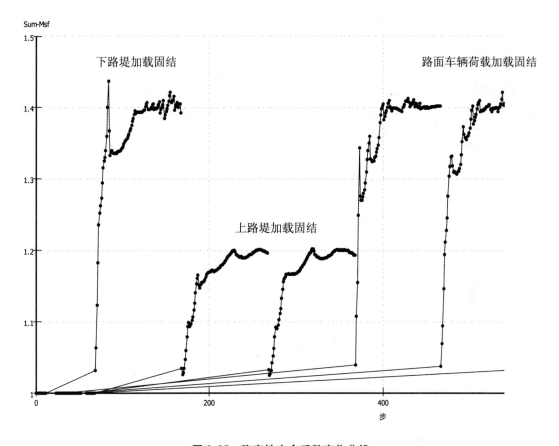

图 3.35　稳定性安全系数变化曲线

3.5　沿海软砂土路堤

　　针对亚丁湾沿海软砂土地层建设高等级道路和铁路工程路堤，以及围堰路堤建设桥梁基础结构问题，利用数值模拟分析计算，其中土体参数见表 3.3 至表 3.5。在建模与计算过程中不考虑反压平台的护坡作用，地面超载土体材料选用杂填土。

表 3.3　地层土体参数

地层	Z/m	Y	Y_{set}	c/kPa	$\Phi/(°)$	E/MPa	v	$k/(m/d)$
地面超越		19.2	20.0	30	18	20.7	0.20	
填土		19.0	20.0	25	27	18.9	0.27	
浅层淤泥	3.5	17.3	18.1	10.0	20.0	7.6	0.33	$3.0×10^{-5}$
淤泥质粉质黏土	4.5	17.5	18.3	15.0	28.0	8.9	0.0	$8.6×10^{-3}$
粉砂土	5.5	17.7	18.5	0.1	35.0	9.7	0.29	$7.3×10^{-3}$

表3.3（续）

地层	Z/m	Y	Y_{set}	c/kPa	$\Phi/(°)$	E/MPa	v	$k/(m/d)$
泥质砂岩		22.0	23.0	200	32	45.0	0.27	$2.6×10^{-5}$
钙质砂岩		23.0	24.0	800	38	150.0	0.25	$2.6×10^{-5}$
硅质砂岩		24.0	25.0	2000	45	350.0	0.23	$2.6×10^{-5}$

表 3.4 典型土层 HSS 物理力学参数

地层	$Es_{0.1\sim0.2}/MPa$	E_{refoed}/MPa	E_{ref50}/MPa	E_{refur}/MPa	m	c'/kPa	$\Phi'/(°)$	G_0/MPa	$Y_{0.7}$
软砂土(软黏土、淤泥质土)	2.0	2.0	3.0	16.0	1.00	10.0	20.0	40.0	10^{-4}
黏土(固结黏土、粉质黏土)	6.0	6.0	6.0	30.0	0.75	15.0	28.0	60.0	10^{-4}
砂土(粉细砂、中砾砂)	18.0	18.0	18.0	54.0	0.50	0.1	35.0	90.0	10^{-4}

表 3.5 土工试验补充成果

土层编号名称	年代	重度 γ/(kN/m³)	含水量 w/%	液限 w_L/%	塑限 w_p/%	压缩系数 a/MPa⁻¹	地基承载力特征值/kPa
软黏土	Q4	14.9	91.5	85.0	55.0	0.494	100
砂黏土	Q4	18.8	34.5	43.0	28.0	0.112	190
粗砂中密	Q3	19.5	26.2			0.011	350
强风化砂岩	K	饱和单轴抗压强度 $R=2.4MPa$					
中风化砂岩	K	饱和单轴抗压强度 $R=6.7MPa$					

在亚丁湾沿海软砂土地层上，进行筑岛平台建设，两侧采用袋装砂棱体和外坡结构防护。实现形成袋装砂棱体，并在其内部充填吹填砂，进行袋装砂棱体外侧边坡 1：2 放坡，自内往外分别设置：1 层复合土工布，即优质机织布 $250g/m^2$+优质无纺布 $130g/m^2$；l 层 20cm 厚袋装碎石层；1 层 35cm 厚灌砌块石，防护边坡。同时，坡底设宽 10m×厚 2m 的块石压脚，单重大于 60kg，防止冲刷对筑堤造成不利影响。观测围堤外侧压脚袋装碎石状况，有冲刷应及时补抛。海堤结构如图 3.36 所示。

① 路堤或桥址位置在自然地质、水沙条件吹填平台施工后，在临时围堰和岛面顶部施工临时便道。

② 吹填堤内砂，施工堤内临时道路及附属设施与边坡防护、压脚。

③ 边坡防护施工一般在低潮水位时，采用阶梯流水式、分阶段、分批次逐段向前推进的方式进行施工。

④ 桥址吹填平台实施后，采用"轻型井点降水与放坡开挖相结合"方案进行基坑开挖，其基坑分 2 级进行放坡开挖，放坡坡比为 1：0.75。

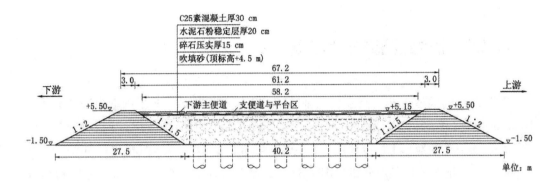

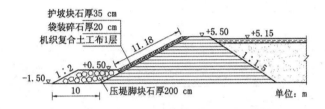

图 3.36　围堰堤结构与围堤结构

⑤ 降水管分 3 级布置。

⑥ 边坡采用钢丝网+混凝土砂浆进行护壁，确保边坡稳定。

⑦ 考虑基坑底平面尺寸按承台平面尺寸每边放宽 1m，基坑放坡开挖坡度取 1 : 0.75。基坑顶面尺寸为长 51.06m×宽 34.35m。

吹填施工现场与吹填区放坡开挖基坑如图 3.37 所示。

图 3.37　吹填施工现场与吹填区放坡开挖基坑

3.6　软砂土地层路堤分析步骤

　　围堰结构的模型由两个高度 7m、倾斜 1∶2 的围堰构成，两个围堰由高 2m、倾斜 1∶2 的粗砂支撑，在这些围堰中间有一个从围堰底吹填的 6m 厚土层，土层分为 4 小层。在围堰和吹填下的地基土层有 3 层，第一层是 49m 厚的砂子，第二层是厚 25m 的中等砂子，最后一层是 15m 厚的粗砂土。图 3.38 是轻型井点降水方案总体布置，其中开展考虑有否塑料排水板 PVD 进行分析对比。

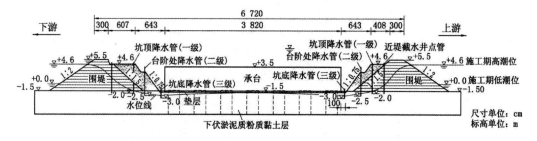

图 3.38　轻型井点降水方案总体布置

　　沿海软砂土路堤计算步骤分 8 步计算操作（见表 3.6 和图 3.39）。

　　第 1 步：在加载围堰的情况下，计算分析分步施工期的塑性。

　　第 2 步：在加载围堰的情况下，计算分析 10d 施工的固结。

　　第 3 步：在第 1 步情况中，考虑计算围堰建成长时间的超静水压力消散，并得到最小超静水压力 1.0kPa，计算停止。

　　第 4 步：在围堰上填加吹填土，计算 10d 施工期的固结。

　　第 5 步：在第 3 步情况中，考虑计算吹填土长时间的超静水压力消散，并得到最小超静水压力 1.0kPa 后，计算停止。

　　第 6、7 步：路基路面工程竣工后，继续添加车辆动静等效荷载，计算 10d 的固结；接着考虑计算车辆荷载长时间的超静水压力消散，并得到最小超静水压力 1.0kPa 后，计算停止。考虑超静水压力压消散过程，并得到车辆荷载加载后的最小超静水压力 1.0kPa。

　　第 8 步：考虑各阶段的强度折减分析，目的为计算路基边坡安全系数。

表 3.6　固结分析计算步骤

工序步	计算工序号	起自工序	计算类型	加载约束类型	起始步
初始工序	0	0	N/a	N/a	0
工序步 1	1	0	塑性分析	分步施工	1
工序步 2	2	1	固结分析	分步施工	8

表3. 6(续)

工序步	计算工序号	起自工序	计算类型	加载约束类型	起始步
工序步 3	3	2	固结分析	最小超静水压力	21
工序步 4	4	3	固结分析	分步施工	61
工序步 5	5	4	固结分析	最小超静水压力	79
工序步 6	6	5	固结分析	分步施工	117
工序步 7	7	7	固结分析	最小超静水压力	131
工序步 8	8	8	Phi/c 折减	增量乘子	142

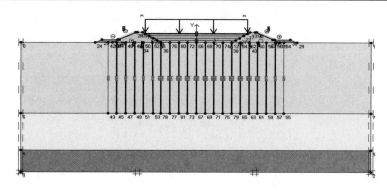

图 3. 39　软砂土地基路基建模

塑性分析沿海软砂土路堤计算步骤见表3.7,分 4 步计算操作:

第 1 步:在加载围堰荷载的情况下,计算分析分步施工期的塑性情况。

第 2 步:在围堰上填加吹填土,计算分析分步施工的塑性情况。

第 3 步:路基路面工程竣工后,继续添加车辆动静等效荷载,计算分析塑性。

第 4 步:考虑各阶段的强度折减分析,目的为计算路基边坡安全系数。

表 3.7　塑性分析计算步骤

工序步	计算工序号	起自工序	计算类型	加载约束类型	起始步
初始工序	0	0	N/a	N/a	0
工序步 1	1	0	塑性分析	分步施工	1
工序步 2	2	1	塑性分析	分步施工	8
工序步 3	3	2	塑性分析	分步施工	21
工序步 4	4	3	Phi/c 折减	增量乘子	61

计算中选取图 3.40 中的四个标志点。分别位于吹填土下(地基第一层)、砂层土中(地基第一层)砂土下(地基第一层)、砂层(地基第二层)底部中间,以便于进行计算结果的对比分析。

图 3.41 显示了上下路堤加载与时间的变化关系。

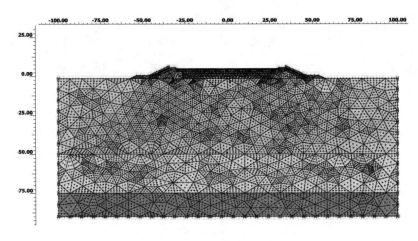

图 3.40　单元关联性

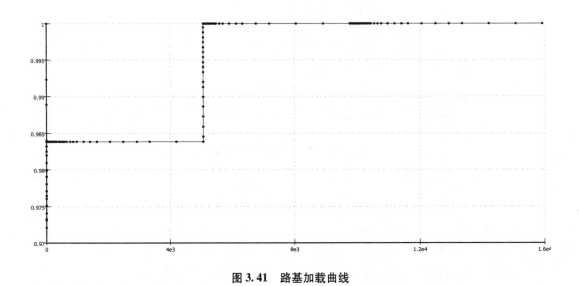

图 3.41　路基加载曲线

3.7　软砂土路基超静水压力消散固结沉降与稳定性分析

3.7.1　软砂土地基超静水压力消散

（1）图 3.42 显示了围堰、吹填路基土和车辆荷载施加过程 A、B、C、D 观测点超静水压力消散变化曲线，主要结果：①随着围堰、吹填土和车辆荷载施加过程，A、B、C、D 观测点超静水压力消散变化剧烈，由加载最高超静水压力（7.71kPa）加速衰减至最小超静水压力 1.0kPa，超静水压力消散时程各段逐渐缩短。②吹填土路基荷载施加引起的最高超静水压力基本接近，远远高于车辆荷载施加引起的最高超静水压力。③地基第二、三土层超静水压力消散几乎瞬时完成,地基第一土层超静水压力消散时间较长,其中第一土层超静水压力消散时间比第二土层的长,可见地基第一土层采取塑料排水板 PVD 可以加速超静水压力消散(见图 3.43 和图 3.44)。

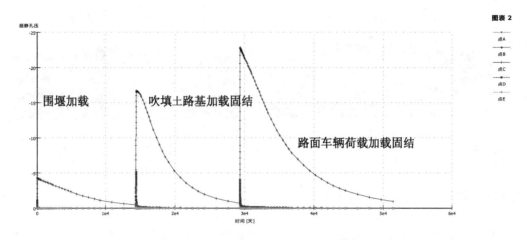

图 3.42　观测点超静水压力消散变化曲线

图 3.43　围堰加载固结超静水压力 10d 消散　　图 3.44　围堰加载固结最小超静水压力消散

(2)图 3.44 是最小超静水压力消散图,相比图 3.43 加载围堰 10d 固结后的超静水压力有了较大消散。图 3.43 和图 3.44 对比还可以看出:①加载围堰后地基中第一土层 10d 固结后的超静水压力有了较大消散。②加载围堰后地基中第二土层 10d 固结后的超静水压力也有了较大消散。其中,第三土层超静水压力基本无变化。

(3)在围堰中间加载吹填土,最小超静水压力孔压消散相比加载 10d 固结后的超静水压力有了较大消散。图 3.45 和图 3.46 对比还可以看出:①加载吹填土后地基中第一土层 10d 固结后的超静水压力(7.35kPa)与最终孔压消散压力(0.867kPa)有了较大消散。②加载吹填土后地基中第二土层 10d 固结后的超静水压力也有了较大消散。其中,第三土层超静水压力基本无变化。

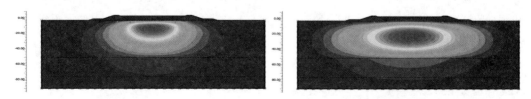

图 3.45　10d 吹填加载固结超静水压力消散　　图 3.46　加载固结观测点最小超静水压力消散

（4）围堰和吹填土填筑固结完成后，计算车辆加载 10d 超静水压力如图 3.47 所示，最大超静水压力为 3.04kPa。图 3.48 计算车辆荷载超静水压力消散至最小超静水压力情况，超静水压力为 0.831kPa，可见车辆加载引起了超静水压力消散，引起地基的固结沉降，必须考虑地基第一土层采取塑料排水板 PVD 可以加速超静水压力消散。

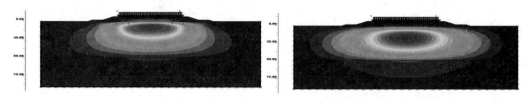

图 3.47　10d 车辆加载固结超静水压力消散　　图 3.48　车辆荷载加载固结最小超静水压力消散

3.7.2　软砂土地基路基沉降规律

（1）图 3.49 表示了围堰加载后地基土层沉降位移与时间的关系，即吹填土荷载引起地基软砂土层固结导致路堤沉降，主要结果：①下吹填土点 A 的固结沉降，围堰加载超静水压力消散后沉降位移达到 0.04m，吹填土加载超静水压力消散后沉降位移达到 0.027m，车辆荷载加载超静水压力消散沉降位移 0.373m。②地基第一层砂土层中点 B 的固结沉降，围堰加载超静水压力消散后沉降位移 0.016m，吹填土加载超静水压力消散后沉降 0.01m，车辆荷载加载超静水压力消散沉降位移 0.322m。③地基第一层砂土层下点 C 的固结沉降，围堰加载超静水压力消散后沉降位移 0.01m，吹填土加载超静水压力消散后沉降 0.002m，车辆荷载加载超静水压力消散沉降位移 0.145m。④地基第二层中砂土层下点 D 的固结沉降，围堰加载超静水压力消散后沉降位移 0.271mm，吹填土加载超静水压力消散后沉降 0.237m，车辆荷载加载超静水压力消散沉降位移 0.031mm。

（2）图 3.50 分析了围堰加载后沉降，路堤的最大沉降值为 0.85m，其中沉降集中在围堰中部，第一土层有较大的沉降量。第二土层及其以下土层，沉降量逐渐减少，第三土层的沉降量最小。如图 3.51 所示，围堰加载土体固结直至达到最小超静水压力之后，总沉降量为 3.94m。

（3）由塑性分析，图 3.52 分析了围堰加载后沉降，围堰的最大沉降值为 203mm，其中沉降集中在围堰中部，第一土层有较大的沉降量。第二土层及其以下土层，沉降量逐渐减少，第三土层的沉降量最小。如图 3.53 所示，围堰加载土体至塑性之后，总的增量沉降量为 0.051m。

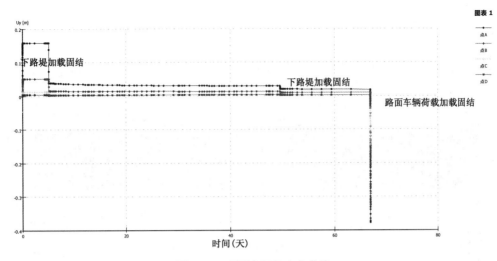

图 3.49　观测点沉降变化曲线

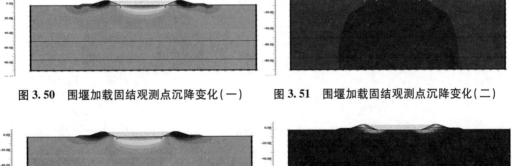

图 3.50　围堰加载固结观测点沉降变化(一)　　图 3.51　围堰加载固结观测点沉降变化(二)

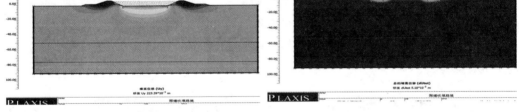

图 3.52　围堰加载固结观测点沉降变化(三)　　图 3.53　围堰加载固结观测点总的增量位移变化

(4)吹填土加载引起路堤较大的沉降,如图 3.54 所示。吹填土加载 10d 后路堤的最大沉降达到 3.97m,沉降主要发生在围堰,第一层砂土层和第二层中砂土层的沉降量在逐渐减小,固结到最小超静水压力之后,沉降量为 8.49m,如图 3.55 所示,沉降集中在路堤和第一土层的砂层。

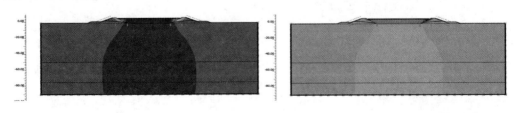

图 3.54　吹填加载固结沉降变化(一)　　　　图 3.55　吹填加载固结沉降变化(二)

（5）由塑性分析，图 3.56 分析了吹填土加载后沉降，围堰的最大沉降值为 332mm，其中沉降集中在吹填土中部，第一土层有较大的沉降量。第二土层及其以下土层，沉降量逐渐减少，第三土层的沉降量最小。如图 3.57 所示，围堰加载土体至塑性之后，总的增量沉降量为 0.038m。

图 3.56　吹填加载塑性分析沉降变化(一)　　**图 3.57　吹填加载塑性分析沉降变化(二)**

（6）车辆荷载加载 10d 后的沉降位移如图 3.58 所示，最大沉降位移达到 8.48m。车辆荷载加载，固结达到最小超静水压力后，沉降量为 8.5m，如图 3.59 所示。

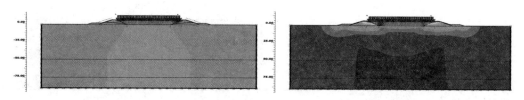

图 3.58　路面车辆荷载加载固结沉降变化(一)　　**图 3.59　路面车辆荷载加载固结沉降变化(二)**

（7）由塑性分析，图 3.60 分析了车辆荷载加载后沉降，围堰的最大沉降值为 0.24m，其中沉降集中在吹填土中部，第一土层有较大的沉降量。第二土层及其以下土层，沉降量逐渐减少，第三土层的沉降量最小。如图 3.61 所示，围堰加载土体至塑性之后，总的增量沉降量为 0.039m。

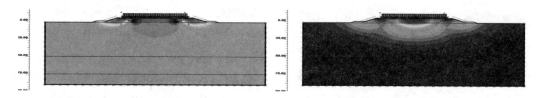

图 3.60　路面车辆荷载加载沉降变化　　**图 3.61　路面车辆荷载加载总增量位移变化**

3.7.3　软砂土路基稳定性分析

如图 3.62 所示，围堰填筑固结前后路堤的稳定性安全系数由 1.173 到 1.51，上路堤填筑固结前后路堤的稳定性安全系数由 1.184 到 1.195，路面车辆荷载加载固结前后路堤的稳定性安全系数由 1.531 到 1.552。

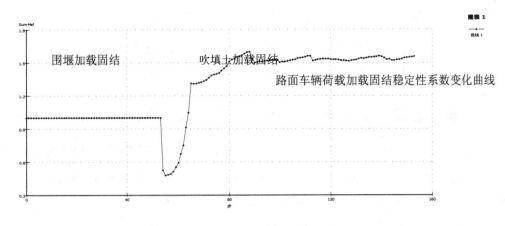

图 3.62　稳定性系数变化曲线

3.7.4　软砂土层路基应变分析

（1）图 3.63 分析了围堰加载固结地表应变，围堰的应变最大值为 1.75%，其中应变集中在围堰中部，第一土层有较大的应变量。第二土层及其以下土层，应变量逐渐减少，第三土层的应变量最小。如图 3.64 所示，围堰加载土体塑性分析之后，围堰的应变最大值为 10.62%。

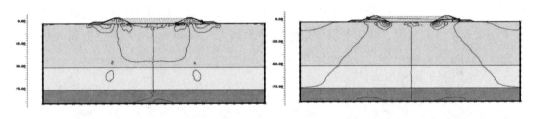

图 3.63　荷载 10d 后围堰总应变　　　　**图 3.64　围堰加载固结剪应变变化**

（2）图 3.65 分析了吹填土加载固结地表剪应变，围堰的应变最大值为 10.71%，其中应变集中在围堰中部，第一土层有较大的应变量。第二土层及其以下土层，应变量逐渐减少，第三土层的应变量最小。如图 3.66 所示，吹填土加载土体塑性分析之后，围堰的应变最大值为 10.99%。

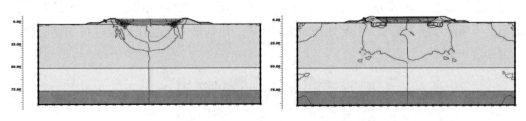

图 3.65　10d 荷载后吹填固结剪应变　　　　**图 3.66　吹填加载固结剪应变变化**

（3）车辆荷载加载固结地表应变曲线如图 3.67 和图 3.68 所示，第二土层产生的最大总应变为 11.32%，路堤上部截面最大水平应变达到 10.59%。

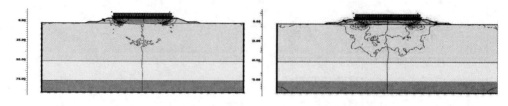

图 3.67　10d 荷载后车辆荷载总应变　　图 3.68　路面车辆荷载固结应变变化

综上所述，在不考虑塑料排水板 PVD 作用的情况下，围堰施工填筑、车辆加载固结引起了超静水压力消散，围堰出现较大的固结沉降，路堤边坡稳定性安全系数偏小，可见必须考虑对地基第一土层采取塑料排水板 PVD，加速超静水压力消散。

3.8　软砂土层栅+板+柔性桩处理路堤沉降与稳定性分析

3.8.1　软砂土地基超静水压力消散

图 3.69 为围堰填筑、考虑第一土层采取柔性桩情况，第一土层中最大超静水压力 5.9kPa，比无柔性桩最大超静水压力 7.71kPa 明显减小。图 3.70 为吹填土填筑、考虑第一土层采取柔性桩情况，第一土层中最大超静水压力 7.09kPa，比无柔性桩最大超静水压力 7.35kPa 明显减小。

图 3.69　围堰加载固结超静水压力消散　　图 3.70　吹填加载固结超静水压力消散

围堰和吹填土填筑固结完成后，计算车辆加载 10d 超静水压力，如图 3.71 所示，最大超静水压力为 1.26kPa，比无柔性桩最大超静水压力 3.99kPa 明显减小，可见车辆加载引起了超静水压力消散，引起地基的固结沉降，地基第一土层采取柔性桩加速超静水压力消散。

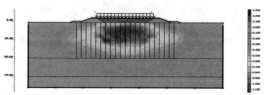

图 3.71　车辆荷载加载固结超静水压力消散

可见,考虑柔性桩可以有效、快速消散第一土层超静水压力。

图 3.72 显示典型断面路堤加载前后超静水压力产生与消散的变化关系,图 3.72(a)(b)对比可以看出:①A-A 断面超静水压力在第一土层中产生,吹填土加载固结超静水压力消散,第二土层超静水压力完全消散,第三土层仍有超静水压力存在;②B-B 和 C-C 断面超静水压力在第一土层中产生,吹填土加载对应地基固结超静水压力消散,第二土层超静水压力完全消散,第三土层超静水压力有所消散,仍有超静水压力存在。

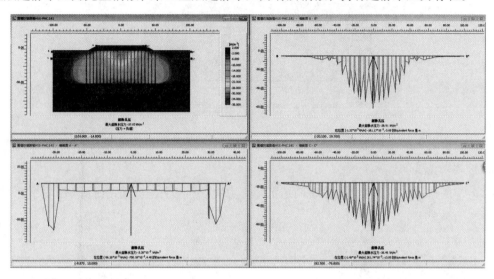

(a)超静水压力产生

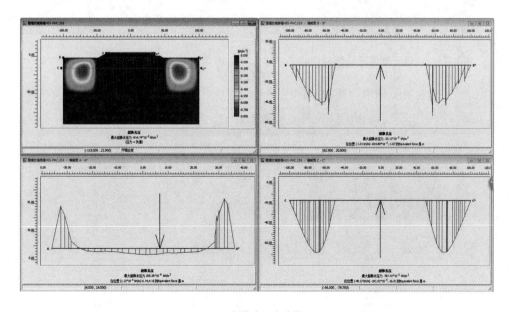

(b)超静水压力消散

图 3.72　上路堤加载固结超静水压力消散与路堤中部超静水压力消散图

3.8.2 软砂土地基路基沉降规律

如图 3.73 至图 3.75 所示，围堰与吹填土加载考虑柔性桩固结沉降情况。

①围堰加载，考虑柔性桩固结沉降 0.099m，比无柔性桩固结沉降 3.94m 小，表明柔性桩效果显著。

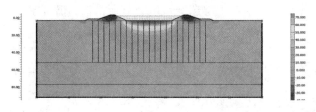

图 3.73 围堰加载固结沉降变化

②吹填土加载，考虑柔性桩固结沉降 2.14m，比无柔性桩固结沉降 8.49m 小，表明柔性桩效果显著。

③车辆荷载加载，考虑柔性桩固结沉降 2.16m，比无柔性桩固结沉降 8.5m 小，表明柔性桩效果显著。

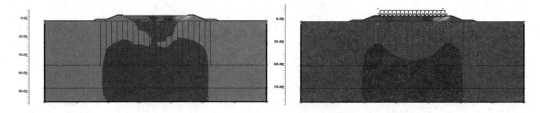

图 3.74 吹填土加载固结沉降变化　　　　**图 3.75 车辆荷载加载固结沉降变化**

图 3.76 中表明了围堰荷载填筑固结前后位移变化情况，路堤顶面表现均匀位移，呈整体沉降。第一土层顶底面沉降位移差异较大。

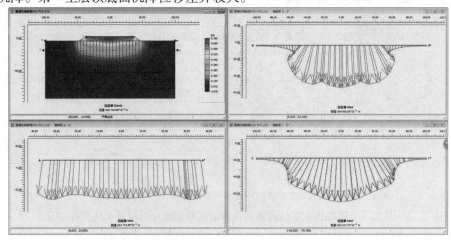

图 3.76 围堰荷载填筑固结前后位移变化情况

3.8.3 软砂土路基稳定性分析

如图 3.77 所示，围堰填筑固结前后路堤的稳定性安全系数由 1.173 到 1.51，上路堤填筑固结前后路堤的稳定性安全系数由 1.184 到 1.195，路面车辆荷载加载固结前后路堤的稳定性安全系数由 1.531 到 1.552。

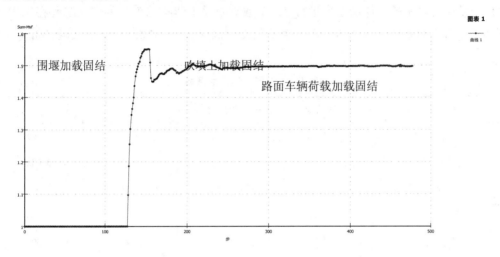

图 3.77 稳定性安全系数变化曲线

3.9 软砂土沿海路堤地震动力响应分析

3.9.1 有限元数值模拟动力模块分析方法

(1)建立模型。依托中国设计方案要求满足抵抗地震作用，地震力发生在工程建造完成之后运营期间。模型参数还要考虑材料的阻尼黏性作用，所以要输入雷利阻尼系数 α 和 β；模型边界，条件选取标准地震边界，如图 3.78 所示，地震波普选用 USGS 记录的真实地震加速度数据分析，路堤模型如图 3.79 所示。

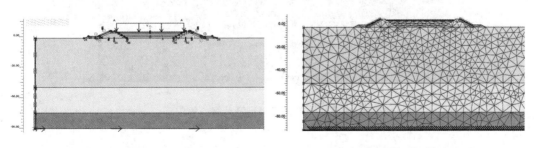

图 3.78 沿海路堤模型及地震边界   图 3.79 网格划分后的围堰路堤模型

（2）边界条件与阻尼。有限元数值模拟分析地震动力计算过程中，为了防止应力波的反射，并且不允许模型中的某些能量发散，边界条件应抵消反射，即地震分析中的吸收边界。材料阻尼由摩擦角不可逆变形如塑性变形或黏性变形引起，故土体材料越具黏性或者塑性，地震震动能量越易消散。

（3）材料的本构模型与物理力学参数。由于土体在加载过程中变形复杂，很难用数学模型模拟出真实的土体动态变形特性，多数有限元土体本构模型的建立都是在工程实验和模型简化的基础上进行的。本书中采用设定高级模型参数添加阻尼系数，如表3.8所列。

表 3.8　地层土体阻尼系数

模型土体	固有频率	阻尼比	α	β
坝堤面板①	18.34	0.031	0.41	0.002
混凝土②	18.34	0.031	0.41	0.002
坝堤（吹填）③	10.53	0.014	0.16	0.001
复合地基④	45.29	0.03	0.74	0.004
粉质黏土（围堰）⑤	187.3	0.033	0.001	0.001
中砂土⑥	45.29	0.03	0.74	0.004
黏土⑦	160.9	0.033	0.001	0.001
粗砂土⑧	152.0	0.037	4.05	0.0001
坝堤（吹填）③	45.29	0.03	0.74	0.004
基岩⑨	193	0.038	0.01	0.01

另外，土工格栅材料抗拉能力为80kN/m，材料的阻尼布置均为0.01。

围堰有限元地震动力响应模拟分析特征点如图3.80所示。

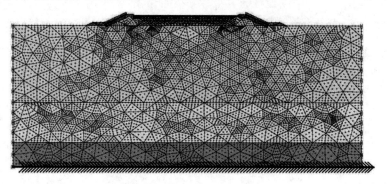

图 3.80　有限元模型及地震边界

3.9.2　地震作用后沿海路堤结构变形的网格特征

沿海围堰路堤有限元静力分析后，其模型进行地震动力响应模拟分析，在模型底部给定地震波的计算分析，得出典型 2.5、5.0、7.5、10.0、12.5s 的变形网格如图 3.81 所示，模型中围堰最大总位移分别为 49.01、86.90、115.16、130.08、146.09mm，表明随着地震动力影响时间的持续，主围堰沿着路堤发生大变形的网格滑移特征。

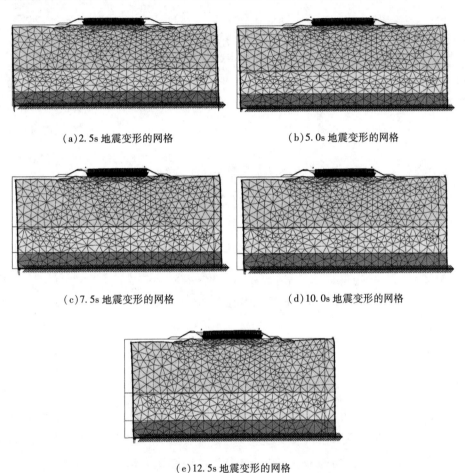

（a）2.5s 地震变形的网格　　　　　　　　（b）5.0s 地震变形的网格

（c）7.5s 地震变形的网格　　　　　　　　（d）10.0s 地震变形的网格

（e）12.5s 地震变形的网格

图 3.81　地震作用后围堰结构变形的网格图

3.9.3　地震作用后沿海路堤结构总位移云图特征

沿海软砂土路堤有限元静力分析后，其模型进行地震动力响应模拟分析，在模型底部给定地震波的计算分析，得出典型 2.5、5.0、7.5、10.0、12.5s 的总位移云图如图 3.82 所示，从模型中围堰总位移云图可以看出，随着地震动力影响时间的持续，主围堰沿着路堤发生大变形滑移失稳特征。

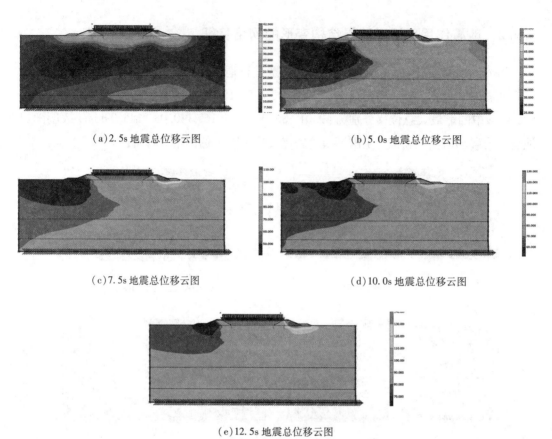

（a）2.5s 地震总位移云图　　　　　　　（b）5.0s 地震总位移云图

（c）7.5s 地震总位移云图　　　　　　　（d）10.0s 地震总位移云图

（e）12.5s 地震总位移云图

图 3.82　地震作用后围堰结构总位移云图

3.9.4　地震作用后沿海路堤结构总应变云图特征

　　沿海软砂土路堤有限元静力分析后，其模型进行地震动力响应模拟分析，在模型底部给定地震波的计算分析，得出典型 2.5、5.0、7.5、10.0、12.5s 的总应变云图如图 3.83 所示，模型中围堰最大总应变分别为 1.10%、1.88%、2.08%、2.12%、2.14%。从模型中沿海软砂土路堤总应变云图可以看出，随着地震动力影响时间的持续，主围堰沿着路堤发生大总剪应变滑移稳。

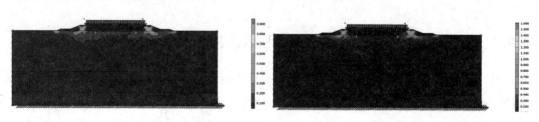

（a）2.5s 地震总应变云图　　　　　　　（b）5.0s 地震总应变云图

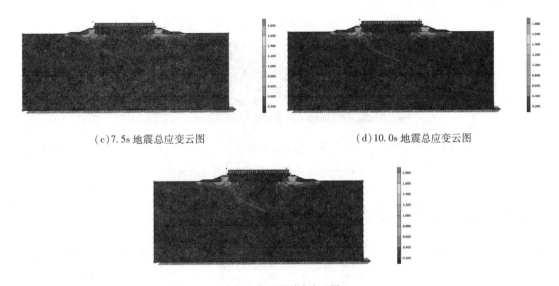

（c）7.5s 地震总应变云图　　　　　　　　（d）10.0s 地震总应变云图

（e）12.5s 地震总应变云图

图 3.83　地震作用后围堰结构总应变云图

3.9.5　地震作用后沿海路堤结构总速度云图特征

沿海软砂土路堤有限元静力分析后，其模型进行地震动力响应模拟分析，在模型底部给定地震波的计算分析，得出典型 2.5、5.0、7.5、10.0、12.5s 的总速度云图如图3.84 所示，模型中围堰最大总速度分别为 75.82、33.59、20.49、10.80、14.83mm/d。从模型中沿海路堤总速度云图可以看出，随着地震动力影响时间的持续，主围堰沿着路堤发生剪切变形速度在减弱，可以明显看出滑移失稳模式。

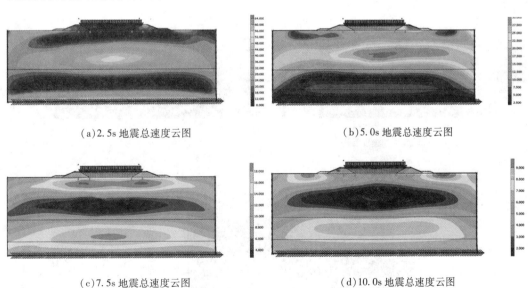

（a）2.5s 地震总速度云图　　　　　　　　（b）5.0s 地震总速度云图

（c）7.5s 地震总速度云图　　　　　　　　（d）10.0s 地震总速度云图

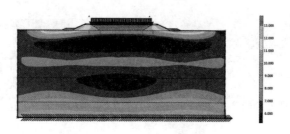

(e)12.5s 地震总速度云图

图 3.84 地震作用后围堰结构总速度云图

3.9.6 地震作用后沿海路堤结构总加速度云图特征

沿海软砂土路堤有限元静力分析后，其模型进行地震动力响应模拟分析，在模型底部给定地震波的计算分析，得出典型 2.5、5.0、7.5、10.0、12.5s 的总加速度云图如图 3.85 所示，模型中围堰最大加速度分别为 0.75、0.404、0.217、0.179、0.118m/d^2。从模型中围堰总加速度云图可以看出，随着地震动力影响时间的持续，主围堰沿着路堤发生剪切变形加速度在减弱，仍可以明显看出滑移失稳模式。

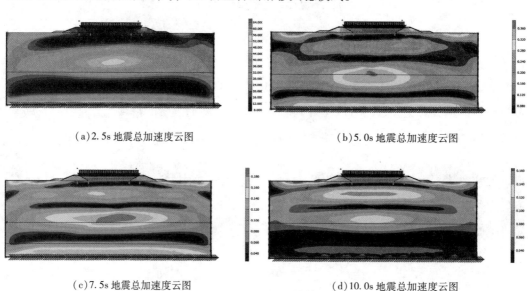

(a)2.5s 地震总加速度云图   (b)5.0s 地震总加速度云图

(c)7.5s 地震总加速度云图   (d)10.0s 地震总加速度云图

(e)12.5s 地震总加速度云图

图 3.85 地震作用后围堰结构总加速度云图

3.9.7　地震作用后沿海路堤结构有效应力矢量特征

沿海软砂土路堤有限元静力分析后，其模型进行地震动力响应模拟分析，在模型底部给定地震波的计算分析，得出典型 2.5、5.0、7.5、10.0、12.5s 的有效应力矢量图如图 3.86 所示，模型中围堰最大有效应力分别为 822.18、814.20、834.58、821.05、829.73kPa。从模型中围堰有效应力矢量分布图可以看出，随着地震动力影响时间的持续，主围堰沿着路堤发生有效应力矢量偏转明显增大。

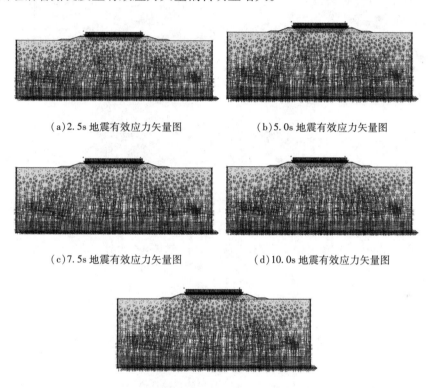

(a)2.5s 地震有效应力矢量图　　　　　(b)5.0s 地震有效应力矢量图

(c)7.5s 地震有效应力矢量图　　　　　(d)10.0s 地震有效应力矢量图

(e)12.5s 地震有效应力矢量图

图 3.86　地震作用后围堰结构有效应力矢量图

3.9.8　地震作用后沿海路堤结构破坏区分布特征

沿海软砂土路堤有限元静力分析后，其模型进行地震动力响应模拟分析，在模型底部给定地震波的计算分析，得出典型 2.5、5.0、7.5、10.0、12.5s 的破坏区分布图如图 3.87 所示。从模型中围堰破坏区分布图可以看出，随着地震动力影响时间的持续，主围堰沿着路堤发生剪切变形破坏区在减弱，仍可以明显看出滑移失稳模式。

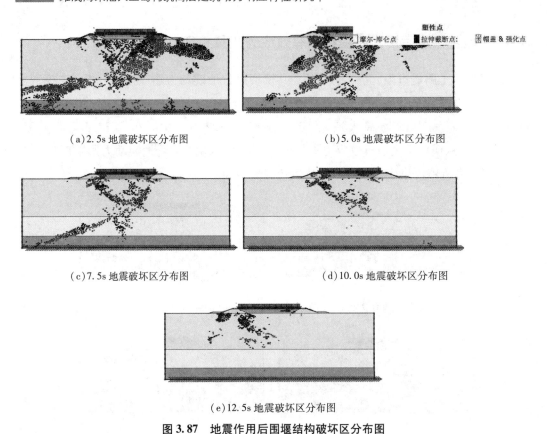

（a）2.5s 地震破坏区分布图　　　　　　　　　　（b）5.0s 地震破坏区分布图

（c）7.5s 地震破坏区分布图　　　　　　　　　　（d）10.0s 地震破坏区分布图

（e）12.5s 地震破坏区分布图

图 3.87　地震作用后围堰结构破坏区分布图

3.9.9　地震作用后围堰结构地下水特征

（1）地震作用后沿海路堤结构总孔压分布特征。沿海软砂土路堤有限元静力分析后，其模型进行地震动力响应模拟分析，在模型底部给定地震波的计算分析，得出典型的最大的总孔压分布图如图 3.88 所示，模型中围堰最大的总孔压为 949.96kPa。

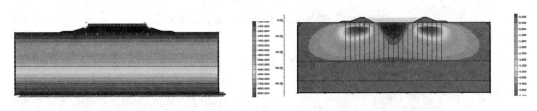

图 3.88　地震作用后围堰结构最大的总孔压分布　　**图 3.89　地震作用后围堰结构地下水水头分布**

（2）地震作用后沿海路堤结构地下水水头分布特征。沿海软砂土路堤有限元静力分析后，其模型进行地震动力响应模拟分析，在模型底部给定地震波的计算分析，典型地下水水头分布图如图 3.89 所示，最大地下水水头为 5.5m。

（3）地震作用后沿海路堤结构地下水渗流场分布特征。沿海软砂土路堤有限元静力分析后，其模型进行地震动力响应模拟分析，在模型底部给定地震波的计算分析，典型地下水渗流场分布图如图 3.90 所示，最大地下水渗流为 0.00574m/d。

（4）地震作用后沿海路堤结构地下水饱和度分布特征。沿海软砂土路堤有限元静力分析后，其模型进行地震动力响应模拟分析，在模型底部给定地震波的计算分析，得出典型地下水饱和度分布图如图 3.91 所示，最大地下水饱和度为 100.26%。

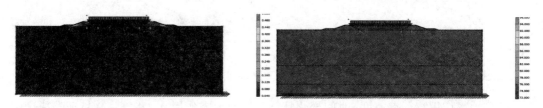

图 3.90　地震作用后围堰结构地下水渗流场分布　图 3.91　地震作用后围堰结构地下水饱和度分布

3.9.10　地震作用 A、B、C、D 特征点曲线变化特征

（1）地震波谱加速度-时间曲线水平作用力变化特征。地震作用地震波谱加速度-时间曲线水平作用力变化曲线如图 3.92 所示。

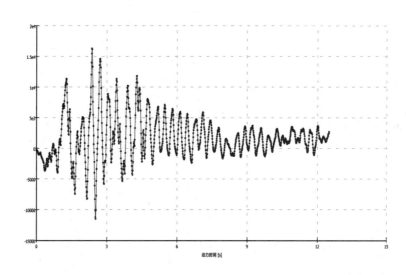

图 3.92　地震波谱加速度-时间曲线水平作用力变化曲线

（2）地震作用 A、B、C、D 特征点位移-时间变化特征。①由地震作用 A、B、C、D 特征点总位移-时间变化（见图 3.93）可以看出：2.5s 初震、5.0s 主震时程阶段总位移增加显著，主围堰、吹填土总位移比路基急剧增加，围堰最大。②由地震作用 A、B、C、D 特征点水平沉降位移-时间变化（见图 3.94）可以看出：2.5s 初震、5.0s 主震时程阶段水平沉降位移显著增加，主围堰、吹填土水平沉降位移比路基急剧增加，围堰最大。

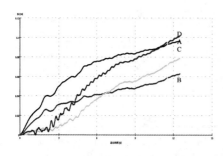 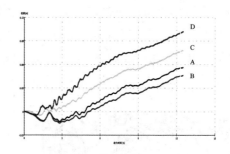

图 3.93　地震特征点总位移-时间变化　　图 3.94　地震特征点水平沉降位移-时间变化

（3）地震作用特征点速度-时间变化特征。①由地震作用 A、B、C、D 特征点速度-时间变化（见图 3.95）可以看出：2.5s 初震、5.0s 主震时程阶段总速度增加显著，然后急剧衰减并趋缓，主围堰、吹填土总速度比路基急剧增加，主围堰最大。②由地震作用特征点水平沉降速度-时间变化（见图 3.96）可以看出：2.5s 初震、5.0s 主震时程阶段水平沉降速度显著增加，主围堰、吹填土水平沉降速度比路基急剧增加，主围堰水平速度最大，之后时程阶段随着震级急剧下降趋缓。

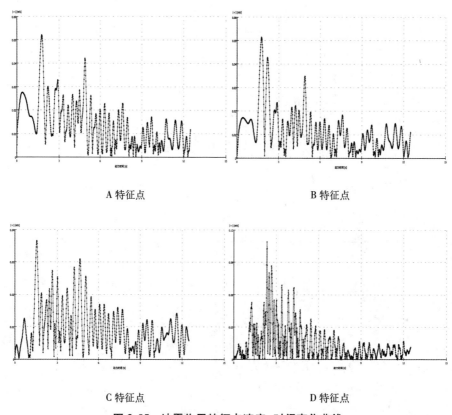

图 3.95　地震作用特征点速度-时间变化曲线

（4）地震作用特征点加速度-时间变化特征。①由地震作用特征点总加速度-时间变化（见图 3.97）可以看出：2.5s 初震、5.0s 主震时程阶段总加速度增加显著，主围堰、吹

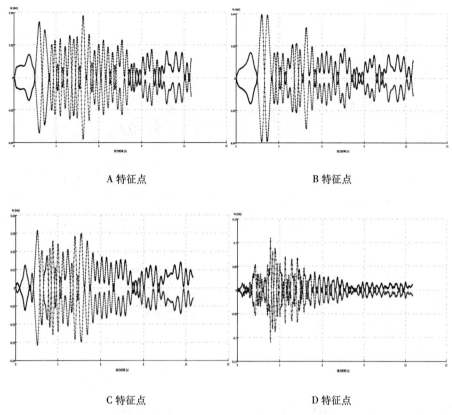

A 特征点　　　　　　　　　　　　B 特征点

C 特征点　　　　　　　　　　　　D 特征点

图 3.96　地震作用特征点水平沉降速度–时间变化曲线

填土衰减趋缓，主围堰、吹填土总加速度比路基小。②由地震作用特征点水平沉降加速度–时间变化(见图 3.98)可以看出：2.5s 初震、5.0s 主震时程阶段水平沉降加速度显著增加，主围堰、吹填土水平沉降加速度比路基急剧增加，主围堰水平加速度最大，之后时程阶段随着震级下降趋缓。③由地震作用特征点位移、速度、加速度–时间变化可以看出：吹填土地震作用不利稳定，与主围堰产生谐振；主围堰、吹填土水平沉降位移、速度、加速度谐振产生明显，并且一直持续，特别是加速度更为明显。

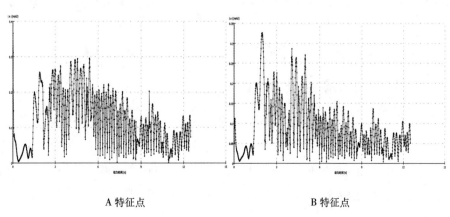

A 特征点　　　　　　　　　　　　B 特征点

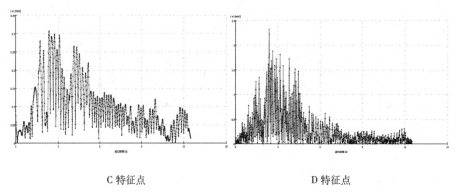

C 特征点   D 特征点

图 3.97 地震作用特征点总加速度-时间变化曲线

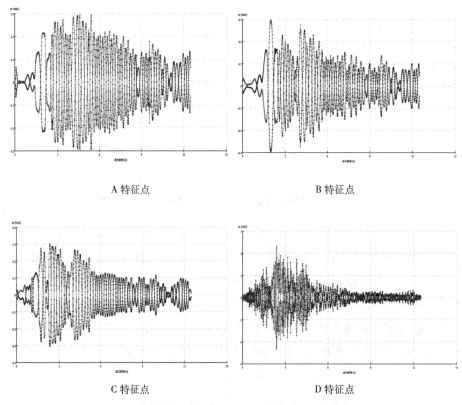

A 特征点   B 特征点

C 特征点   D 特征点

图 3.98 地震作用特征点水平沉降加速度-时间变化曲线

3.9.11 地震作用围堰防波堤力学特征

(1)地震作用主围堰防波堤总位移分布(见图 3.99)C-C＊,对比围堰防波堤 B-B＊、防波堤的两侧 A-A＊可知,围堰防波堤、路基防波堤起到抑制总位移的有效作用。

(2)地震作用主围堰防波堤总地下水头压力分布(见图 3.100)C-C＊,对比围堰防波堤 B-B＊、防波堤的两侧 A-A＊可知,围堰防波堤、路基防波堤起到了抑制的有效作用。

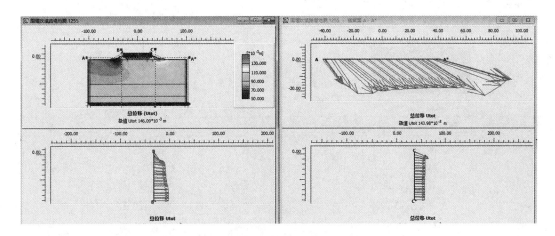

图 3.99　地震作用围堰防波堤总位移分布

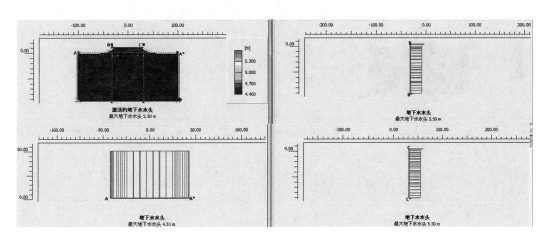

图 3.100　地震作用围堰防波堤地下水头压力分布

（3）地震作用主围堰防波堤总地下水渗流流速分布（见图 3.101）C-C∗，对比围堰防波堤 B-B∗、防波堤的两侧 A-A∗可知，围堰防波堤、路基防波堤起到了抑制的有效作用。

（4）地震作用主围堰防波堤超固结分布（见图 3.102）C-C∗，对比围堰防波堤 B-B∗、防波堤的两侧 A-A∗可知，围堰防波堤、路基防波堤超固结系数分布起到了抑制变形和渗流的有效作用。

（5）地震作用主围堰防波堤剪应力分布（见图 3.103）C-C∗，对比围堰防波堤 B-B∗、防波堤的两侧 A-A∗可知，围堰防波堤、路基防波堤剪应力无剪应变发生，有利于防波堤的稳定和防护作用功能；吹填土体出现量剪应变破坏、围堰也有剪应变破坏，不利于主沿海路堤的稳定。

（6）地震作用主围堰防渗墙有效应力分布（见图 3.104）C-C∗，对比围堰防波堤 B-B∗、防波堤的两侧 A-A∗可知，围堰防波堤、路基防波堤，地震、地下水作用有效应力分布基本线性，有利于沿海路堤稳定。

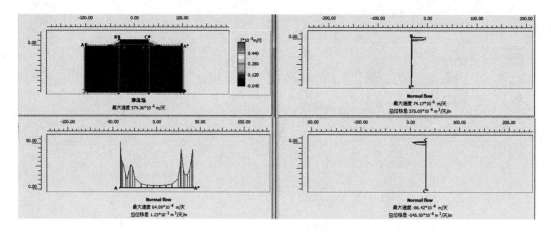

图 3.101　地震作用围堰防波堤渗流流速分布

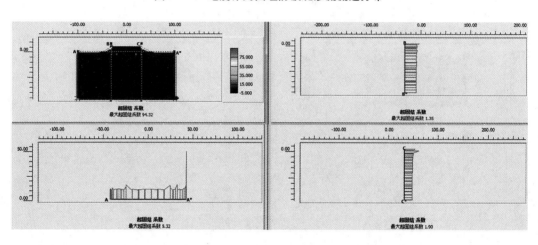

图 3.102　地震作用围堰防波堤超固结系数分布图

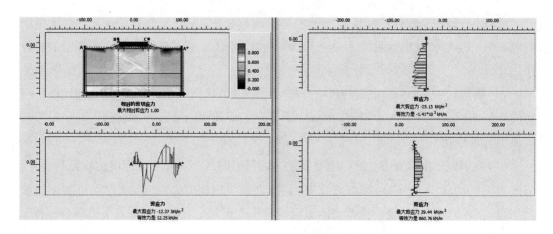

图 3.103　地震作用围堰防波堤剪应力分布

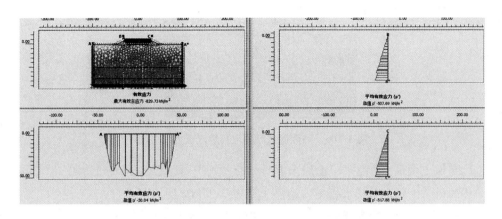

图 3.104　地震作用围堰防波堤有效应力分布图

3.10　软砂土塑料排水板路基超静水压力消散固结稳定性

3.10.1　软砂土地基超静水压力消散

（1）图 3.105 显示了围堰、吹填土和车辆荷载施加过程观测点超静水压力消散变化曲线，主要结果：①随着围堰防波堤、吹填土和车辆荷载各段施加，观测点超静水压力消散变化剧烈，由加载最高超静水压力（6.89kPa）加速衰减至最小超静水压力 1.0kPa，超静水压力消散时程各段逐渐缩短。②围堰、吹填土荷载施加引起的最高超静水压力基本接近，远远高于车辆荷载施加引起的最高超静水压力。③图 3.106 为围堰填筑、考虑第一土层采取塑料排水板 PVD 情况，第一土层中最大超静水压力 5.9kPa，比无塑料排水板最大超静水压力 7.71kPa 明显减小。

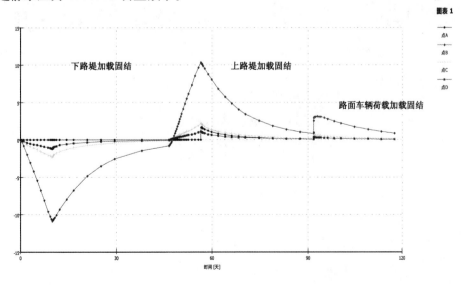

图 3.105　观测点超静水压力消散变化曲线

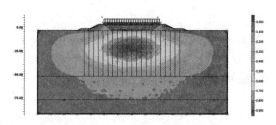

图 3.106　路面固结观测点超静水压力消散图

（2）吹填土填筑、考虑第一土层采取塑料排水板 PVD 情况，第一土层中最大超静水压力 3.99kPa，比无塑料排水板最大超静水压力 7.35kPa 明显减小。

（3）围堰和吹填土填筑固结完成后，计算车辆加载 10d 超静水孔隙压力，最大超静水压力为 1.03kPa，比无塑料排水板最大超静水压力 3.99kPa 明显减小。可见车辆加载引起了超静水压力消散，引起地基的固结沉降，必须考虑地基第一土层采取塑料排水板 PVD 可以加速超静水压力消散。

3.10.2　软砂土地基路基沉降规律

软砂土地基路基沉降如图 3.107 至图 3.109 所示，围堰与吹填土加载、考虑塑料排水板 PVD 固结沉降变化情况。①围堰加载，考虑塑料排水板 PVD 固结沉降 2.86m，比无塑料排水板 PVD 固结沉降 3.97m 小，表明塑料排水板 PVD 效果显著。②吹填土加载，考虑塑料排水板 PVD 固结沉降 2.86m，比无塑料排水板 PVD 固结沉降 8.49m 小，表明塑料排水板 PVD 效果显著。③车辆荷载加载，考虑塑料排水板 PVD 固结沉降 2.86m，比无塑料排水板 PVD 固结沉降 8.5m 小，表明塑料排水板 PVD 效果显著。

图 3.107　围堰加载固结观测点沉降变化

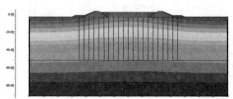

图 3.108　吹填土加载固结观测点沉降变化

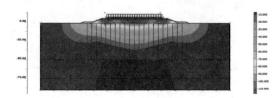

图 3.109　路面车辆荷载加载固结观测点沉降变化

3.10.3　软砂土路基稳定性分析

如图 3.110 所示，围堰填筑固结前后路堤的稳定性安全系数由 1.173 到 1.51，吹填土加载固结前后路堤的稳定性安全系数由 4.989 到 7.214，路面车辆荷载加载固结前后路堤的稳定性安全系数由 2.337 到 3.265。

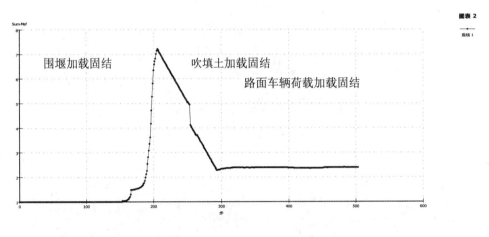

图 3.110　稳定性安全系数变化曲线

3.11　沿海桥台桩基围堰基坑地下水渗流分析

沿海桥台桩基围堰吹填后，再进行基坑开挖，目的是在沿海中修建桥梁的桥台桩基。为此，需要研究地下水渗流特征和基坑开挖围堰边坡稳定性，为此基于上述分析模型中设置 2 种工况：基坑开挖有无降水措施地下水渗流和基坑开挖围堰边坡稳定有限元强度折减分析步骤。沿海围堰建设并进行吹填形成路堤，然后进行基坑开挖，开展桩基、桥台的施工，为桥墩桥梁的建设奠定基础。

（1）基坑开挖无降水措施地下水渗流特征。基坑开挖无基井抽排降水，基坑底水位具有承压性（见图 3.111 至图 3.115），容易涌水积水弱化砂土强度，对桥台桩基施工不利。由前文可知，地下水流速矢量最大值 251.86mm/d、地下水超固结系数最大值 10.60，地下水饱和度最大值 100.69%。

图 3.111　地下水水位等值线

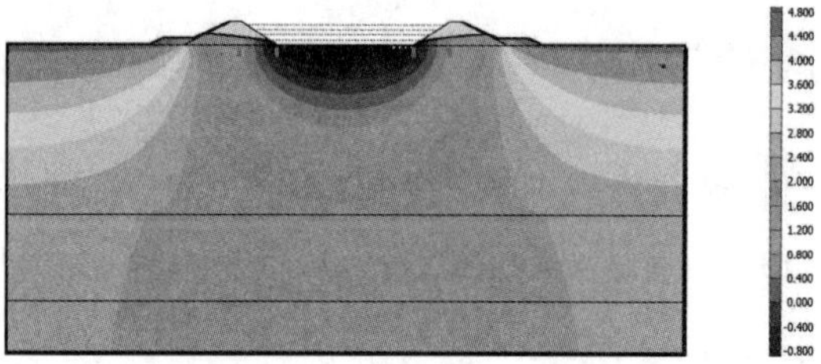

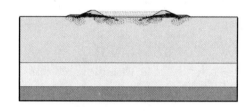

图 3.112　地下水水头等值线

图 3.113　地下水流速矢量

图 3.114　地下水超固结系数等值线

图 3.115　地下水饱和度等值线

（2）基坑开挖无降水措施围堰流固耦合边坡稳定。基坑开挖无基井抽排降水，由围堰流固耦合边坡位移场矢量图（见图 3.116）可知，边坡位移最大值 1.02m；由边坡破坏区分布图（见图 3.117）可知，基坑内侧边坡明显出现滑移失稳特征。

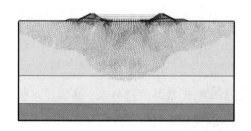

图 3.116　围堰流固耦合边坡位移场矢量

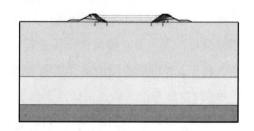

图 3.117　围堰流固耦合边坡破坏区分布

（3）基坑开挖有降水措施地下水渗流特征。基坑开挖有基井抽排降水，基坑底水位无承压性（见图 3.118 至图 3.122），不易出现涌水积水弱化砂土强度，对桥台桩基施工有利，特别是地下水流速矢量最大值 343.90mm/d、地下水超固结系数最大值 11.38 和地下水饱和度最大值 106.57%。

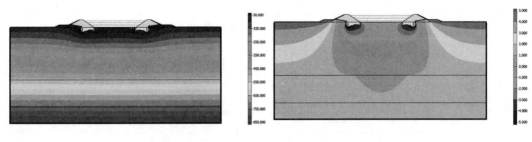

图 3.118　地下水水位等值线　　　　　　　　图 3.119　地下水水头等值线

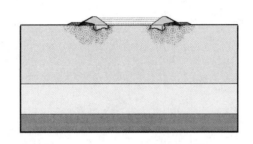

图 3.120　地下水流速矢量

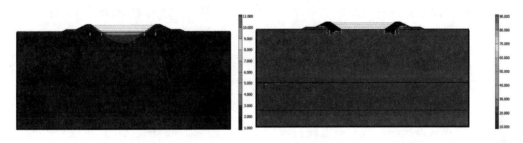

图 3.121　地下水超固结系数等值线　　　　　图 3.122　地下水饱和度等值线

（4）基坑开挖有降水措施围堰流固耦合边坡稳定。基坑开挖有基井抽排降水，由围堰流固耦合边坡位移场矢量图（见图 3.123）可知，边坡位移最大值 0.703m；由边坡破坏区分布图（见图 3.124）可知，基坑内侧边坡明显出现局部大变形特征。

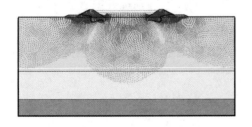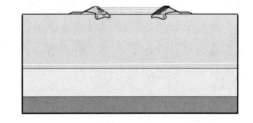

图 3.123　围堰流固耦合边坡位移场矢量　　　图 3.124　围堰流固耦合边坡破坏区分布

（5）2 种工况对比分析。基坑开挖有无降水措施地下水渗流和基坑开挖围堰边坡稳定有限元强度折减对比分析见表 3.9。

表 3.9　2 种工况基坑内情况对比分析

对比参数	无降水分析	有降水分析	基本评价
设计工况	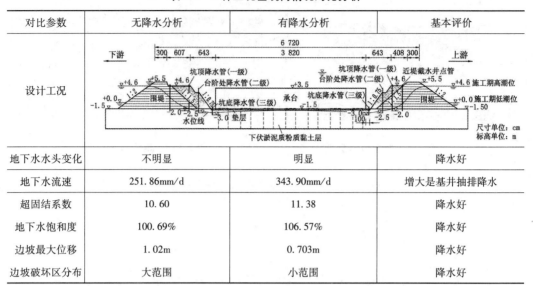		
地下水水头变化	不明显	明显	降水好
地下水流速	251.86mm/d	343.90mm/d	增大是基井抽排降水
超固结系数	10.60	11.38	降水好
地下水饱和度	100.69%	106.57%	降水好
边坡最大位移	1.02m	0.703m	降水好
边坡破坏区分布	大范围	小范围	降水好

通过 2 种工况基坑内情况对比分析，基坑开挖有降水措施除基井处地下水渗流略有增加，基坑底水头比降明显，开挖围堰边坡稳定有限元强度折减分析表明稳定性好。可见，沿海围堰建设并进行吹填形成路堤，然后进行基坑开挖，在基坑内侧边坡设置反压护坡，并考虑基井抽排降水，再开展桩基、桥台的施工，为桥墩桥梁的建设奠定基础。

综上所述，进行沿海软砂土层特性与固结沉降规律分析，考虑有无塑料排水板 PVD 作用下的排水性能，也考虑有无塑料排水板地震作用。主要结论如下：确定加载方案：高等级沿海软砂土路堤施工是一个加载—固结—再加载—再固结，即加载—超静水压力消散—再加载—再超静水压力消散的过程。超静水压力消散有效措施：通过分析可知，土工格栅、塑料排水板 PVD、超载（如车辆荷载）可以提高围堰与吹填土的稳定性和超静水压力消散。通过考虑有无塑料排水板 PVD 分析可知，考虑塑料排水板 PVD 路堤沉降量为 0.191m，而无塑料排水板 PVD 路堤沉降量为 8.49m，可见塑料排水板 PVD 可以有效地抑制路堤沉降量。塑料排水板 PVD 排水性能：塑料排水板 PVD 可以有效消散超静水压力，是处理软砂土固结、提高路堤稳定性的有效措施。通过基坑开挖有无降水措施地下水渗流和基坑开挖围堰边坡稳定有限元强度折减 2 种工况对比分析，基坑开挖有降水措施除基井处地下水渗流略有增加，基坑底水头比降明显，开挖围堰边坡稳定有限元强度折减分析表明稳定性好。

第4章　滩浅海人工岛流固耦合渗流机理分析

法国水力学家 Darcy 进行了大量的实验，并在 19 世纪 50 年代总结出多孔介质渗流规律——Darcy's Law，通过将渗透流速与渗透势能两者相互联系，建立了渗透水在土体中流速、水力坡降以及土体性质之间的线性渗透定律。

4.1　Darcy 渗流基本概念

Darcy's Law 的假定条件是将渗透水流视为层流，该假设具有一定的局限性，因此，许多学者开始研究 Darcy's Law 的适用范围。Ohde 等人的研究工作从颗粒粒径的角度开展。沙土和黏土的渗透性非常小，渗流可视为层流，渗透速度与水力坡降以线性关系呈现，渗流运动规律符合 Darcy's Law。诸如砾、卵石等的粗颗粒土具有较大的孔隙，在水力坡降较小时流速较小的情况下，渗流可认为是层流，仍可以使用 Darcy's Law；但是在水力坡降较大时流速增大的情况下，导致渗流成了紊流，运动形式混杂而不规则，Darcy's Law 便失去了使用意义。巴甫洛夫斯基研究得出适用于 Darcy's Law 的临界流速，并先后提出紊流状态时的渗流定律且推导出渗流的微分方程。

在关于 Darcy's Law 的适用范围的研究中，Fancher、Lindguist 等人从 Re（雷诺数）的角度着手进行。Darcy's Law 的适用范围一般以 $Re = 1 \sim 10$ 来考虑。水流的 Re 会在水力坡降较大或土体孔隙较大时变得很大，渗流速度与水力坡降呈现复杂的非线性关系，即 Non-Darcy Flow（非达西流/非线性流），此时惯性力的影响不可忽略。Swartzendruber 通过研究之前关于分析流体饱和多孔介质中非达西流动特性的资料，于 1962 提出了非达西流动的一维流动方程。1968 年，Irmay 用最小梯度的概念补充了达西定律。在研究黏土渗流特性的基础上，发现了非牛顿流动，即在实际水力坡降小于初始梯度降时会发生流体不流动的情况。

4.2　稳定渗流与非稳定渗流

渗流理论发展中面临的其中一个问题即稳定渗流与非稳定渗流问题。稳定渗流分析是对岩石内外边界条件不随时间变化为前提的分析。分析区域的流入量和流出量保持在一个恒定值。

Dupuit 以 Darcy's Law 为基础，并设定含水层是均质、各向同性、等厚、水平的假定条件，推导出地下水流向井孔的平面稳定渗流公式 Dupuit Formula。地下水水力学的发展在 Dupuit Formula 被提出后的较长一段时期里，都没能够超越稳定渗流理论的范围。但是，随着逐渐扩大规模的地下水工程，稳定渗流理论在解决工程实践问题时的局限性就被暴露出来了。

1935 年，美国学者 Theis 通过数学家 Lubin 的帮助，以含水层等厚且均质各向同性而无限延伸，钻井井径为无穷小的完整井两个假定条件，导出定流量抽水时的单井非稳定渗流计算分式 Theis 公式。1940 年，Jacob 推导并由 Cooper 补充完善的地下水运动的基本微分方程问世，其是在考虑水体的压缩及介质孔隙的压密条件的弹性承压含水层研究中推导得出的，地下水渗流的研究从稳定渗流过渡到非稳定渗流阶段。然而，自然界中难以实现 Theis 公式的基本假设，我国学者陈崇希等经研究提出，在初始渗流场为稳定渗流的情况下 Theis 公式可直接使用；当初始渗流场为非稳定渗流时，Theis 公式的使用需要先将抽水期间地下水水力坡降为天然水头动态降深和抽水自身引起的降深两部分结果叠加。

4.3 饱和渗流与非饱和渗流

饱和渗流与非饱和渗流是渗流理论发展中的另一个问题。完全干燥状态到完全饱和状态之间的区域都可称为非饱和区域。饱和度在 100% 以下时，水和空气存在于土壤颗粒之间的孔隙中，饱和度非常低时水珠将以凹状附着在土壤颗粒间。因为表面张力的影响，孔隙水压在饱和度降低时逐渐发展成吸入压力（suction pressure），一般饱和度越低吸入压力越大。

Darcy's Law 是否适用于非饱和土体地下水渗流的问题，在 Buckingham（1907）、Richard（1931）、Childs 和 Collis-George（1950）等人的研究中给出了肯定的回答，但非饱和土含水量或基质吸力的函数为非饱和土体的渗透系数。1935 年，Richards 描述了被后人称为广义 Darcy's Law 的非饱和土体中水的渗流规律：非饱和土体中的水流通量与土水力坡降成正比，两者之间的比值称为导水率。1973 年，Neuman 提出一维非饱和渗流计算的有限元法，并于 1974 年提出二维饱和-非饱和渗流计算的有限元分析方法。1979年，Akai 提出三维饱和-非饱和渗流的有限元方法。Freeze（1971）、Papagiannakis 和 Rredlund（1984）等人通过研究得出，有连续的水流运动存在于饱和与非饱和区域之间。饱和区域内水的渗流规律是渗流分析一般情况下主要考虑因素，而越来越多非饱和土病害问题在实际工程上发生，因此，工程师及学者也对非饱和土体的渗流问题产生了广泛兴趣。

4.4　渗流基本方程式

（1）Darcy 渗流理论基本方程。Darcy's Law 起源于饱和土的渗透分析，其基本表达式为：

$$q = kJ = -k\frac{dH}{ds} \tag{4.1}$$

式中：q——单位面积的渗透流量；

　　　k——土体渗透系数；

　　　J——渗透比降（水力坡降）；

　　　H——流场中测压管水头，为压力水头和位置之和。

$$H = \frac{u_w}{\gamma_w} + z \tag{4.2}$$

式中：H——全水头；

　　　u_w——孔隙水压；

　　　γ_w——水的容重；

　　　z——标高。

（2）三维渗流基本方程式。根据达西渗透定律，假定渗流过程中土体不可压缩，单位时间内单元体流入与流出水量相等，推导出三维渗流基本方程式如下：

$$\frac{\partial}{\partial x}\left(k_x\frac{\partial H}{\partial x}\right) + \frac{\partial}{\partial y}\left(k_y\frac{\partial H}{\partial y}\right) + \frac{\partial}{\partial z}\left(k_z\frac{\partial H}{\partial z}\right) + Q = \frac{\partial \Theta}{\partial t} \tag{4.3}$$

式中：H——总水头；

　　　k_x——x 方向渗透系数；

　　　k_y——y 方向渗透系数；

　　　k_z——z 方向渗透系数；

　　　Q——边界流量；

　　　Θ——体积含水率；

　　　t——时间。

该方程以在任意位置、任意时刻微小体积的流入和流出的变化量与体积含水率的变化量相同为假定条件，即在 x、y、z 方向的流量变化与流量之和与体积含水率的变化相同的条件下，可认为是非稳定渗流的渗透方程。

稳定渗流状态中流入和流出量随时间没有变化，所以公式右边为零。

$$\frac{\partial}{\partial x}\left(k_x\frac{\partial H}{\partial x}\right) + \frac{\partial}{\partial y}\left(k_y\frac{\partial H}{\partial y}\right) + \frac{\partial}{\partial z}\left(k_z\frac{\partial H}{\partial z}\right) + Q = 0 \tag{4.4}$$

渗流分析通常在假定总应力不变的情况下进行，孔隙大气压力是不变的，所以体积含水率的变化仅与孔隙水压变化相关。体积含水率的变化与孔隙水压变化的关系如下：

$$\partial \Theta = m_w \partial u_w \tag{4.5}$$

式中：m_w——阻尼系数。

重新整理式(4.2)，得下面公式：

$$u_w = \gamma_w (H-z) \tag{4.6}$$

将式(4.6)代入式(4.5)，得下面公式：

$$\partial \Theta = m_w \partial \gamma_w (H-z) \tag{4.7}$$

将式(4.7)代入式(4.3)，得下面公式：

$$\frac{\partial}{\partial x}\left(k_x \frac{\partial H}{\partial x}\right) + \frac{\partial}{\partial y}\left(k_y \frac{\partial H}{\partial y}\right) + \frac{\partial}{\partial z}\left(k_z \frac{\partial H}{\partial z}\right) + Q = m_w \gamma_w \frac{\partial (H-z)}{\partial t} \tag{4.8}$$

标高 z 对时间的导函数为零，则三维(非稳定渗流)渗流基本方程式为：

$$\frac{\partial}{\partial x}\left(k_x \frac{\partial H}{\partial x}\right) + \frac{\partial}{\partial y}\left(k_y \frac{\partial H}{\partial y}\right) + \frac{\partial}{\partial z}\left(k_z \frac{\partial H}{\partial z}\right) + Q = m_w \gamma_w \frac{\partial H}{\partial t} \tag{4.9}$$

(3)饱和稳定渗流定解条件。对于饱和稳定渗流，基本微分方程的定解条件仅为边界条件，常见类型如下：

① 第一类边界条件。

$$H(x, y, z) = \phi(x, y, z) \mid_{(x, y, z) \in \Gamma_1} \tag{4.10}$$

式中：　Γ_1——渗流区域边界；

$\phi(x, y, z)$——已知函数；x, y, z 位于边界 Γ_1 上。

② 第二类边界条件。

$$\bar{k} \frac{\partial H}{\partial \bar{n}}\bigg|_{\Gamma_2} = q(x, y, z) \mid_{(x, y, z) \in \Gamma_2} \tag{4.11}$$

式中：　Γ_2——给定流入流量边界段；

$q(x, y, z)$——已知函数；

$\quad\quad\quad n$——Γ_2 的外法线方向。

③ 自由面边界条件。

$$\bar{k} \frac{\partial H}{\partial \bar{n}}\bigg|_{\Gamma_3} = 0, \ H(x, y, z) \mid_{\Gamma_3} = z(x, y) \tag{4.12}$$

式中：Γ_3——自由面边界。

④ 溢出面边界条件。

$$\bar{k} \frac{\partial H}{\partial \bar{n}}\bigg|_{\Gamma_4} \neq 0, \ H(x, y, z) \mid_{\Gamma_4} = z(x, y) \tag{4.13}$$

式中：Γ_4——溢出面边界。

(4)非饱和非稳定渗流定解条件方程。非饱和非稳定渗流基本方程的定解条件方程

为:

① 初始条件。

$$H|_{t=0} = H_0(x, y, z, t) \tag{4.14}$$

② 水头边界条件。

$$H|_{\Gamma_1} = f_1(x, y, z, t) \tag{4.15}$$

③ 流量边界条件。

$$k_n \frac{\partial H}{\partial n}\bigg|_{\Gamma_2} = f_2(x, y, z, t) \tag{4.16}$$

(5)渗流有限元基本方程。采用伽辽金(Galerkin)加重余量(weighed residual)法对三维渗流基本方程式(4.9)进行空间离散,推导得到有限元方程式如下:

$$\int_v ([\boldsymbol{B}]^{\mathrm{T}}[\boldsymbol{C}][\boldsymbol{B}]) \mathrm{d}V\{\boldsymbol{H}\} + \int_v \lambda (\langle \boldsymbol{N}\rangle^{\mathrm{T}}\langle \boldsymbol{N}\rangle) \mathrm{d}V\{\boldsymbol{H}\}.t = q\int_A (\langle \boldsymbol{N}\rangle^{\mathrm{T}}) \mathrm{d}A \tag{4.17}$$

式中: $[\boldsymbol{B}]$ ——动水坡降矩阵;

$\quad\quad[\boldsymbol{C}]$ ——单位渗透系数矩阵;

$\quad\quad\{\boldsymbol{H}\}$ ——节点水头矩阵;

$\quad\quad q$ ——单元边的单位重量;

$\lambda = m_w \gamma_w$ ——非稳定渗流的阻流项;

$\{\boldsymbol{H}\}.t = \dfrac{\partial H}{\partial t}$ ——随时间变换的水头。

将有限元方程用简化方式表现如下:

$$[\boldsymbol{K}]\{\boldsymbol{H}\} + [\boldsymbol{M}]\{\boldsymbol{H}\}.t = \{\boldsymbol{Q}\} \tag{4.18}$$

式中: $[\boldsymbol{K}]$ ——总体渗流矩阵, $[\boldsymbol{K}] = \int_v ([\boldsymbol{B}]^{\mathrm{T}}[\boldsymbol{C}][\boldsymbol{B}]) \mathrm{d}V$;

$\quad\quad[\boldsymbol{M}]$ ——土体单元贮水系数矩阵, $[\boldsymbol{M}] = \int_v \lambda (\langle \boldsymbol{N}\rangle^{\mathrm{T}}\langle \boldsymbol{N}\rangle) \mathrm{d}V$;

$\quad\quad\{\boldsymbol{Q}\}$ ——流量自由系数矩阵, $\{\boldsymbol{Q}\} = q\int_A (\langle \boldsymbol{N}\rangle^{\mathrm{T}}) \mathrm{d}A$ 。

式(4.18)是(非稳定渗流)渗流分析的基本有限元方程式。稳定渗流分析的水头不随时间变化,则公式为如下形式:

$$[\boldsymbol{K}]\{\boldsymbol{H}\} = \{\boldsymbol{Q}\} \tag{4.19}$$

非稳定渗流分析(瞬态分析)的有限元解是时间的函数,时间的积分可使用有限差分法,得到有限差分形式的有限元方程式如下:

$$(\omega \Delta t[\boldsymbol{K}] + [\boldsymbol{M}])\{\boldsymbol{H}_1\} = \Delta t((1-\omega)\{\boldsymbol{Q}_0\} + \overline{\omega}\{\boldsymbol{Q}_1\}) + ([\boldsymbol{M}] - (1-\omega)\Delta t[\boldsymbol{K}])\{\boldsymbol{H}_0\} \tag{4.20}$$

式中: Δt ——时间增量;

$\quad\quad\omega$ ——0-1 之间的比值;

$\quad\quad\{\boldsymbol{H}_1\}$ ——时间增量结束时的水头;

$\{ \boldsymbol{H}_0 \}$——时间增量开始时的水头；

$\{ \boldsymbol{Q}_1 \}$——时间增量结束时的节点流量；

$\{ \boldsymbol{Q}_0 \}$——时间增量开始时的节点流量；

$[\boldsymbol{K}]$——单元特性矩阵；

$[\boldsymbol{M}]$——单元质量矩阵。

使用后差分法(backward difference method)化简非稳定渗流有限元方程形式为：

$$(\Delta t [\boldsymbol{K}] + [\boldsymbol{M}]) \{ \boldsymbol{H}_1 \} = \Delta t \{ \boldsymbol{Q}_1 \} + [\boldsymbol{M}] \{ \boldsymbol{H}_0 \} \tag{4.21}$$

由式(4.21)可知，要计算时间增量的最终阶段的水头，必须要知道开始阶段的水头。非稳定渗流分析必须要给出初始条件。

4.5　渗流分析主要方法

在渗流分析方法中，理论分析方法和实验分析方法是主要的两大类。而流体力学法和水力学法又是理论分析方法中的两种基本方法。流体力学法能够在渗流场分析计算中求解任意点的渗流水头、渗流压力、水力坡降、流速等渗流要素，这种方法能够根据流体力学原理和渗流边界条件直接求解渗流问题。其特点是计算结果准确但计算过程复杂，而且目前只能解答部分简单的渗流边界问题。基于渗流条件的简化，水力学法在各种实际渗流问题中都得到广泛的应用。其特点是便于计算但会有一定误差，只能计算渗流场中某一截面的平均渗流元素。目前，为了提高水力学法的计算精度，人们借助流体力学法和试验法的成果对其进行局部修正。基于连续介质渗流理论的渗流场数值分析，常用的方法有：有限差分法、有限单元法、边界元法等，此外还有裂隙网络法，其是以非连续介质渗流理论作为基础。渗流的数值分析方法的极大发展也有赖于 CAE(计算机辅助工程)和 FEM(有限元方法)的愈发成熟。20 世纪六七十年代，对于大型土石坝的渗流问题的分析，学者也逐渐在流体力学中应用有限元方程。有限元方法的优势在于既可以考虑岩土渗透系数的各向异性，对复杂的边界条件进行处理，还可以计算分析空间渗流和非稳定渗流。通常为了使工程设计、工程经济评价和工程建设措施更加合理有效，也需要根据实际情况针对性地选择分析方法和软件。常用的试验分析方法有：砂槽(土槽)模型法、黏性流动模型法(也称缝隙水槽法)、水力网模型法和水力积分法、电测法和电阻网模型法。

4.6　滩浅海人工岛流固耦合分析技术

在研究流场作用域固体变形相互作用时常会应用流固耦合力学，作为流体力学与固体力学的中间学科，流固耦合理论在数十年的研究发展过程中已日趋完善，目前在许多工程领域都有广泛的应用。

（1）Terzaghi 一维固结理论。所谓土的固结，就是荷载作用下土体内部的水逐渐渗出，体积随之压缩减小的现象。Terzaghi 于 1924 年建立了一维固结模型，并于 1925 年出版了世界上第一本土力学专著《建立在土的物理学基础的土力学》，以土是均质并饱和的，渗透系数为常数；土体变形微小；孔隙水渗流服从 Darcy's Law；土体承受的总应力不变；体积压缩系数为常数，且以水和土颗粒不可压缩为假定条件，提出饱和土渗透固结理论。

20 世纪 60 年代开始，饱和土体一维大变形固结的理论研究基于小变形固结理论并结合工程实践，Mikasa 和 Gibson 开展了此方面的研究。虽然在理论的假定上大变形固结理论与 Terzaghi 理论基本相同，但有效应力和孔隙比成非线性关系，压缩系数不为恒定值，且是以孔隙水与土颗粒间的相对速度作为渗透速度。一维大变形固结理论的发展体现在两个方面：理论完善、数值求解以及试验验证；随着非线性连续介质力学的发展，有限元分析也在不断发展。根据 Terzaghi 的单向固结理论，准三维固结理论被 Rendulic 于 1936 年提出，垂直轴对称情况下的解析解也同时推导而出。然而变形协调条件对固结过程中总应力的影响被准三维固结理论所忽略，因此其获得的仅仅是一个近似解。

（2）Biot 固结理论。1941 年，Biot 建立了比较完善的三维固结理论，该理论以均质、完全饱和的、连续的，各向同性的土体；渗流符合 Darcy's Law 的孔隙水；不可压缩的土粒和孔隙水；土的渗透系数 k、压缩系数 α 在渗透固结过程中视为常数这四点为假设条件。这是在一维固结理论的基础上进行了相关研究，成功地进行了三维的固结问题研究。

将水流的连续条件与弹性理论相结合是 Biot 固结理论的特点，反映了孔隙水压力消散与土骨架变形的相互关系，并提供了更为严格的数学解答，为孔隙介质与流体耦合作用理论研究奠定了基础。然而，该理论初步发展时期不能完全应用在工程上，这主要是因为其要在许多设计参数的基础上才能进行解答，且复杂边界条件情况难以通过偏微分方程组求解。而 Biot 固结理论广泛应用于工程实践中也有赖于 CAE 及 FEM 的发展。

（3）非饱和土固结理论。非饱和土固结理论逐渐被越来越多的业内人士关注，这得益于人们不断地总结大型土石坝工程和相关工程建设经验和非饱和渗流理论的发展。20 世纪 70 年代，非饱和土的一维固结方程由 Fredlund 推导出来，非饱和土的本构模型也成了他 20 世纪 90 年代后的研究重点。受限于二阶非线性的描述流体流动状态的控制方程，非饱和渗流数值计算精确解只能应用在高度简化的理想情况中。这就体现出考虑在复杂地质环境中土体的各向异性及非均质性时有限单元法的突出优势。1973 年，Neuman 提出对土坝饱和-非饱和渗流有限单元法进行数值模拟。1974 年，Louis 基于实验建立了能够为渗流场和应力场的耦合分析提供理论依据的有效正应力与渗透系数的经验公式。20 世纪 80 年代，Mustafa M. Aral 等人对 Wallace 坝的渗流情况应用了有限元法进行计算分析。

我国诸多学者对数值弥散现象进行了大量研究，即在非饱和渗流数值分析中，入渗处土体饱和度比较低时难以获取该处孔隙负压准确计算结果的情况。黄康乐采用变坐标的特征有限元法；朱学愚、谢春红、钱孝星采用在 Galerkin 有限元法的权函数中加上一个扰动的 SUPG 有限元法；高骥、雷光耀、张锁春对计算参数都采用按空隙水压力值线性插值方法；杨代泉、沈珠江采用恒定式差分格式离散和求解非饱和土一维广义固结非线性方程组；吴梦喜、高莲士改进了一般的非饱和渗流有限元计算方法；周桂云提出饱和度对渗透压力偏导数的修正公式。

(4)流固耦合分析。对于流固耦合分析的研究，我国学者也做了大量工作。陈正汉、谢定义、刘祖典基于混合物理论研究了非饱和土的固结问题，并基于有效应力原理和 Curie 对称原理化简求解非饱和土固结的数学模型。

柴军瑞、仵彦卿基于土坝渗流特性，提出了均质土坝渗流场与应力场耦合分析的连续介质数学模型。王媛等基于 Biot 固结理论建立了结点位移和孔隙水压力为未知量的基本方程组，其基本假设是小变形和稳定渗流。罗晓辉将稳定渗流与非稳定渗流有限元分析结果加到了应力场中进行分析，忽略固结效应，对深基坑开挖过程中渗流场的变化对应力场产生的影响进行了研究。

仵彦卿对岩土体和地下水的相互作用进行了总结，认为在岩土体和地下水之间会发生机械的、物理的和化学的以及力学方面的相互作用，使岩土体及地下水的性质和状态以及力学特性难以恒定；提出渗流场与应力场的耦合分析模型的建立可采用机理分析法、混合分析法和系统辨识法。平扬、白世伟、徐燕平在弹塑性有限元分析中应用 Biot 固结理论，将渗流水力作用与应力场通过有限元方法耦合，针对深基坑开挖，研究了基坑稳定性与渗流场和应力场的变化的关联。

陈波、李宁、褚瑞花推证了多孔介质三场耦合数学模型微分控制方程，并推导了 6 结点三角形单元的固液两相介质的温度场、渗流场、变形场耦合问题的有限元格式。柴军瑞等对非达西渗流理论与试验规律进行分析和总结，在求解一维、二维非达西渗流时将解析分析与数值分析相结合。杨志锡、杨林德根据虚位移原理推导出各向异性的饱和土体内直接耦合有限元计算公式。李培超、孔祥言、卢德唐以多孔介质的有效应力原理为基础建立了孔隙度和渗透率的动力学模型。

第 5 章　非饱和渗流与本构模型理论分析方法

动力作用，尤其是地震作用亦是诱发事故的重要原因。强震作用下，强大的外力作用及地震液化对稳定性起到控制性作用。地震对稳定性作用的研究也是当前热点问题，对防灾减灾具有重要的现实意义。模拟岩土与结构体力学行为的方法有很多种，但它们的精度各不相同。例如，线性及各向同性弹性的胡克定律是最简单的应力-应变关系。由于它仅仅涉及两个输入参数，即弹性模量 E 和泊松比 ν，通常认为这种应力-应变关系太粗糙了，不能把握岩土体行为的本质特点。然而，对于大量结构单元和岩层的模拟，线弹性性质往往是比较合适的，为此深入研究岩土非饱和渗流与本构模型理论和分析方法显得尤为重要。

5.1　非饱和渗流特性理论分析

5.1.1　稳态流的基本方程

多孔介质中的渗流可以用达西定律来描述。考虑在竖向 x-y 平面内的渗流：

$$\left.\begin{aligned} q_x &= -k_x \frac{\partial \varphi}{\partial x} \\ q_y &= -k_y \frac{\partial \varphi}{\partial y} \end{aligned}\right\} \tag{5.1}$$

式中：q_x，q_y——比流量，由渗透系数 k_x，k_y 和地下水头梯度计算得到。水头 φ 定义为：

$$\varphi = y - \frac{p}{\gamma_w} \tag{5.2}$$

式中：y——竖直位置；

　　p——孔隙水压力（压力为负）；

　　γ_w——水的重度。

对于稳态流而言，其应用的连续条件为：

$$\frac{\partial q_x}{\partial x} + \frac{\partial q_y}{\partial y} = 0 \tag{5.3}$$

等式(5.3)表示单位时间内流入单元体的总水量等于流出的总水量,如图 5.1 所示。

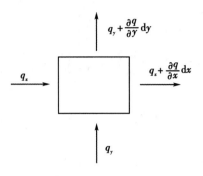

图 5.1　连续性条件示意图

5.1.2　界面单元中的渗流

在地下水渗流计算中界面单元需要特殊处理,可以被冻结或者激活。当单元被冻结时,所有的孔压自由度是完全耦合的;当界面单元激活时是不透水的(隔水帷幕)。

5.1.3　非饱和渗流材料模型

非饱和渗流的模拟基于 Van Genuchten 材料模型。根据该模型,饱和度与有效压力水头关系如下:

$$S(\phi_p) = S_{res} + (S_{sat} - S_{res}) [1 + (g_a | \phi_p |)^{g_n}]^{(1 - \frac{g_n}{g_n})} \tag{5.4}$$

Van Genuchten 假定了参数剩余体积含水量 S_{res},该参数用来描述在吸力水头下保留在孔隙中的部分流体。一般情况下,在饱和条件下孔隙不会完全充满水,由于空气滞留在孔隙中,此时饱和度 S_{sat} 小于 1。其他参数 g_a、g_1、g_n 需要对特定的材料进行测定。有效饱和度 S_e 表述为:

$$S_e = \frac{S - S_{res}}{S_{sat} - S_{res}} \tag{5.5}$$

根据 Van Genuchten 模型,相对渗透率表述为:

$$k_{rel}(S) = (S_e)^{g_1} [1 - (1 - S_e^{\frac{g_n}{g_n-1}})^{\frac{g_n-1}{g_n}}]^2 \tag{5.6}$$

使用该表达式计算饱和度时,相对渗透率可以直接用有效压力来表示。

5.1.4　Van Genuchten 渗流模型

水特征曲线 SWCC 描述地下水渗流非饱和区域(通常位于水位线以上)渗流参数。SWCC 描述的是不同应力状态下,土体持有水分的能力。有很多模型可以描述非饱和土的渗流行为。地下水渗流文献中最常见的是 Van Genuchten(1980)提出的模型,Van Genuchten 函数为 3 参数等式,将饱和度与有效压力水头 φ_p 关联在一起:

$$S(\phi_p) = S_{res} + (S_{sat} - S_{res})\left[1 + (g_a \mid \phi_p)^{g_n}\right]^{g_c} \tag{5.7}$$

$$\phi_p = \frac{p_w}{\gamma_w} \tag{5.8}$$

式中：p_w——吸力孔压；

　　γ_w——孔隙流体单位重度；

　　S_{res}——剩余饱和度，描述部分流体在高吸力水头的情况下仍存在于孔隙中；

　　S_{sat}——一般地，饱和条件下孔隙不会被水完全填充，其中可能包含空气，因此该值小于 1；

　　g_a——拟合参数，与土体的进气值相关，对特定材料需要量测获得，单位为 1/L，正值；

　　g_n——达到进气值后的拟合参数，该参数为水的抽取率的函数，对于特性材料需要测量得到该参数；

　　g_c——一般 Van Genuchten 等式中用到的拟合参数。

假定将 Van Genuchten 转换为 2 参数等式。

$$g_c = \frac{1 - g_n}{g_n} \tag{5.9}$$

Van Genuchten 关系为中低吸力情况提供了合理结果。对于较高吸力值，饱和度保持在剩余饱和度。图 5.2 和图 5.3 显示了参数 g_a 和 g_n 对 SWCC 形状的影响。相对渗透性与饱和度的关系通过有效饱和度表示。

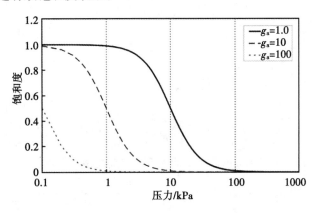

图 5.2　参数 g_a 对 SWCC 的影响

有效饱和度 S_e 表述为：

$$S_e = \frac{S - S_{res}}{S_{sat} - S_{res}} \tag{5.10}$$

根据 Van Genuchten 模型，相对渗透率表述为：

$$k_{rel}(S) = (S_e)^{g_1}\left[1 - \left(1 - S_e^{\frac{g_n}{g_n-1}}\right)^{\frac{g_n-1}{g_n}}\right]^2 \tag{5.11}$$

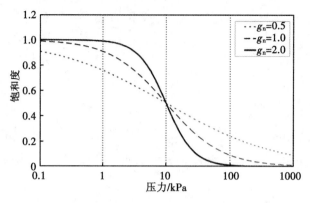

图 5.3 参数 g_n 对 SWCC 的影响

式中：g_1——拟合参数，对于特定材料需要测定。注意，使用上述表达式，相对渗透性可直接与吸力孔压相关。

饱和度的获取与吸力孔压相关：

$$\frac{\partial S(p_w)}{\partial p_w} = (S_{sat} - S_{res}) \left[\frac{1-g_n}{g_n}\right] \left[g_n \left(\frac{g_a}{\gamma_w}\right)^{g_n} \cdot p_w^{(g_n-1)}\right] \left[1 + \left(g_a \cdot \frac{p_w}{\gamma_w}\right)^{g_n}\right]^{\left(1-\frac{2g_n}{g_n}\right)} \quad (5.12)$$

图 5.4 和图 5.5 显示了某砂土材料的使用情况，Van Genuchten 模型对应的参数 S_{sat} = 1.0，S_{res} = 0.027，g_a = 2.24m^{-1}，g_1 = 0.0，g_n = 2.286。

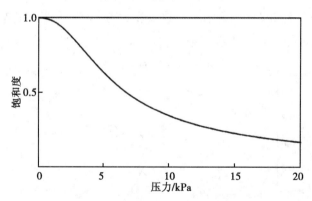

图 5.4 Van Genuchten 压力-饱和度关系曲线

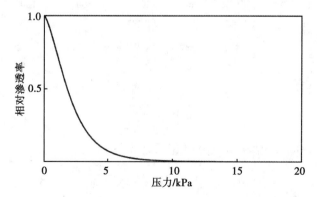

图 5.5 Van Genuchten 压力-相对渗透率关系曲线

5.1.5　近似 Van Genuchten 渗流模型

Van Genuchten 模型线性化模式可以获得模型参数的近似值。因此,饱和度与孔隙水头的关系表述如下:

$$S(\phi_p)=\begin{cases}1 & ,\quad \phi_p\geqslant 0\\1+\dfrac{\phi_p}{|\phi_{ps}|} & ,\quad \phi_{ps}<\phi_p<0\\0 & ,\quad \phi_p\leqslant \phi_{ps}\end{cases} \tag{5.13}$$

变量 ϕ_{ps} 为与材料有关的压力水头,定义的是在静水压力条件下非饱和区域的范围。小于其初始值时,饱和度假定为 0;饱和条件下,饱和度等于 1。相对渗透率和压力水头之间的关系表述为:

$$k_{rel}(\phi_p)=\begin{cases}1 & ,\quad \phi_p\geqslant 0\\10^{\frac{4\phi_p}{|\phi_{pk}|}} & ,\quad \phi_{pk}<\phi_p<0\\10^{-4} & ,\quad \phi_p\leqslant \phi_{pk}\end{cases} \tag{5.14}$$

由上式可知,在渗流区域,渗透系数与压力水头成对数-线性关系,其中 ϕ_{pk} 为压力水头,在该压力水头下,相对渗透系数降为 10^{-4}。当压力水头较大时,渗透系数保持为常数。在饱和条件下,相对渗透率为 1,且有效渗透性为饱和渗透性,假定为常数。

近似 Van Genuchten 模型的参数从经典 Van Genuchten 模型的参数转化而来,以满足强大的线性模型的计算需要。对于参数 ϕ_{ps},转化方式如下:

$$\phi_{ps}=\frac{1}{S_{\phi_p}-S_{sat}} \tag{5.15}$$

参数 ϕ_{pk} 等于压力水头,根据 Van Genuchten 模型,相对渗透率为 10^{-2},最低限值为 $-0.5m$。图 5.6 描述了压力水头与饱和度的函数关系(根据近似 Van Genuchten 模型,并使用 $\phi_{ps}=1.48$)。图 5.7 给出了 $\phi_{pk}=1.15$ 时的压力-相对饱和度关系。地下水渗流问题还需要边界条件和初始条件。

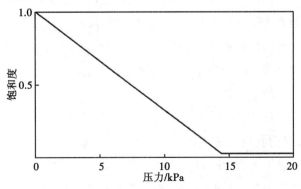

图 5.6　近似 Van Genutchen 压力-饱和度关系曲线

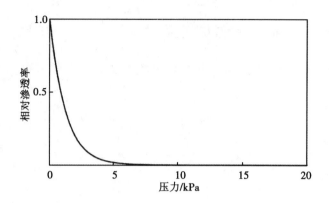

图 5.7 近似 Van Genuchten 压力-相对渗透率曲线

▨ 5.2 本构模型种类及其选用

5.2.1 本构模型种类及其特点

（1）线弹性（LE）模型

线弹性模型是基于各向同性胡克定理。它引入两个基本参数，弹性模量 E 和泊松比 ν。尽管线弹性模型不适合模拟土体，但可用来模拟刚体，例如混凝土或者完整岩体。

（2）摩尔-库仑（Mohr-Coulomb，MC）模型

弹塑性摩尔-库仑模型包括五个输入参数，即表示土体弹性的 E 和 ν，表示土体塑性的 ϕ 和 c，以及剪胀角 ψ。摩尔-库仑模型描述了对岩土行为的一种"一阶"近似。这种模型推荐用于问题的初步分析。对于每个土层，可以估计出一个平均刚度常数。由于这个刚度是常数，计算往往会相对较快。初始的土体条件在许多土体变形问题中也起着关键的作用。通过选择适当 K_0 值，可以生成初始水平土应力。

（3）节理岩石（JR）模型

节理岩石模型是一种各向异性的弹塑性模型，特别适用于模拟包括层理尤其是断层方向在内的岩层行为等。塑性最多只能在三个剪切方向（剪切面）上发生。每个剪切面都有它自身的抗剪强度参数 ϕ 和 c。完整岩石被认为具有完全弹性性质，其刚度特性由常数 E 和 ν 表示。在层理方向上将定义简化的弹性特征。

（4）土体硬化（HS）模型

土体硬化模型是一种高级土体模型。同摩尔-库仑模型一样，极限应力状态是由摩擦角 ϕ、黏聚力 c 以及剪胀角 ψ 来描述的。但是，土体硬化模型采用三个不同的输入刚度，可以将土体刚度描述得更为准确：三轴加载刚度 E_{50}、三轴卸载刚度 E_{ur} 和固结仪加载刚度 E_{oed}。一般取 $E_{ur} \approx 3E_{50}$ 和 $E_{oed} \approx E_{50}$ 作为不同土体类型的平均值，但是，对于非常

软的土或者非常硬的土通常会给出不同的 E_{oed}/E_{50} 比值。

对比摩尔-库仑模型，土体硬化模型还可以用来解决模量依赖于应力的情况。这意味着所有的刚度随着压力的增加而增加。因此，输入的三个刚度值与一个参考应力有关，这个参考应力值通常取为 100kPa(1bar)。

(5)小应变土体硬化(HSS)模型

HSS 模型是对上述 HS 模型的一个修正，依据土体在小应变的情况下土体刚度增大。在小应变水平时，大多数土表现出的刚度比该工程应变水平时更高，且这个刚度分布与应变是非线性的关系。该行为在 HSS 模型中通过一个应变-历史参数和两个材料参数来描述。如：G_0^{ref} 和 $\gamma_{0.7}$，G_0^{ref} 是小应变剪切模量，$\gamma_{0.7}$ 是剪切模量达到小应变剪切模量的 70% 时的应变水平。HSS 高级特性主要体现在工作荷载条件。模型给出比 HS 更可靠的位移。当在动力中应用时，HSS 模型同样引入黏滞材料阻尼。

(6)软土蠕变(SSC)模型

HS 模型适用于所有的土，但是它不能用来解释黏性效应，即蠕变和应力松弛。事实上，所有的土都会产生一定的蠕变，这样，主压缩后面就会跟随着某种程度的次压缩。而蠕变和松弛主要是指各种软土，包括正常固结黏土、粉土和泥炭土。在这种情况下采用软土蠕变模型。请注意，软土蠕变模型是一个新近开发的应用于地基和路基等的沉陷问题的模型。对于隧道或者其他开挖问题中通常会遇到的卸载问题，软土蠕变模型几乎比不上简单的摩尔-库仑模型。就像摩尔-库仑模型一样，在软土蠕变模型中，恰当的初始土条件也相当重要。对于土体硬化模型和软土蠕变模型来说，由于它们还要解释超固结效应，因此初始土条件中还包括先期固结应力的数据。

(7)软土(SS)模型

软土模型是一种 Cam-Clay 类型的模型，特别适用于接近正常固结的黏性土的主压缩。尽管这种模型的模拟能力可以被 HS 模型取代，当前仍然保留了这种软土模型。

(8)改进的 Cam-Clay(MCC)模型

改进的 Cam-Clay 模型是对 Muir Wood(1990)描述的原始 Cam-Clay 模型的一种改写。它主要用于模拟接近正常固结的黏性土。

(9)NGI-ADP 模型

NGI-ADP 模型是一个各向异性不排水剪切强度模型。土体剪切强度以主动、被动和剪切的 S_u 值来定义。

(10)胡克-布朗(HB)模型

胡克-布朗模型是基于胡克-布朗破坏准则(2002)的一个各向同性理想弹塑性模型。这个非线性应力相关准则通过连续方程描述剪切破坏和拉伸破坏，深为地质学家和岩石工程师所熟悉。除了弹性参数 E 和 ν，模型还引入实用岩石参数，如完整岩体单轴压缩强度(σ_{ci})、地质强度指数(GSI)和扰动系数(D)。

综上所述，不同模型的分析表现为：如果要对所考虑的问题进行一个简单迅速的初步分析，建议使用摩尔-库仑模型。当缺乏好的土工数据时，进一步的高级分析是没有用的。在许多情况下，当拥有主导土层的好的数据时，可以利用土体硬化模型来进行一个额外的分析。毫无疑问，同时拥有三轴试验和固结仪试验结果的可能性是很小的。但是，原位试验数据的修正值对高质量试验数据来说是一个有益的补充。软土蠕变模型可以用于分析蠕变(即极软土的次压缩)。用不同的土工模型来分析同一个岩土问题显得代价过高，但是它们往往是值得的。首先，用摩尔-库仑模型来分析是相对较快而且简单的；其次，这一过程通常会减小计算结果的误差。

5.2.2 本构模型种类及其选用局限性

土工模型是对岩土行为的一种定性描述，而模型参数是对岩土行为的一种定量描述。尽管数值模拟在开发程序及其模型上面花了很多工夫，但它对现实情况的模拟仍然只是一个近似，这就意味着在数值和模型方面都有不可避免的误差。此外，模拟现实情况的准确度在很大程度上还依赖于用户对所要模拟问题的熟练程度、对各类模型及其局限性的了解、模型参数的选择和对计算结果可信度的判断能力。当前局限性如下：

(1)线弹性模型

土体行为具有高非线性和不可逆性。线弹性材料不足以描述土体的一些必要特性。线弹性模型可用来模拟强块体结构或基岩。线弹性模型中的应力状态不受限制，模型具有无限的强度。一定要谨慎地使用这个模型，防止加载高于实际材料的强度。

(2)摩尔-库仑模型

理想弹塑性模型 MC 是一个一阶模型，它包括仅有几个土体行为的特性。尽管考虑了随深度变化的刚度增量，但 MC 模型既不能考虑应力相关又不能考虑刚度或各向同性刚度的应力路径。总的说来，MC 破坏准则可以非常好地描述破坏时的有效应力状态，有效强度参数 ϕ' 和 c'。对于不排水材料，MC 模型可以使用 $\phi=0$，$c=c_u(s_u)$，来控制不排水强度。在这种情况下，注意模型不能包括固结的剪切强度的增量。

(3)HS 模型

这是一个硬化模型，不能用来说明由于岩土剪胀和崩解效应带来的软化性质。事实上，它是一个各向同性的硬化模型，因此，不能用来模拟滞后或者反复循环加载情形。如果要准确地模拟反复循环加载情形，需要一个更为复杂的模型。要说明的是，由于材料刚度矩阵在计算的每一步都需要重新形成和分解，HS 模型通常需要较长的计算时间。

(4)HSS 模型

HSS 模型加入了土体的应力历史和应变相关刚度，一定程度上，它可以模拟循环加载。但它没有加入循环加载下的逐级软化，所以，不适合软化占主导的循环加载。

(5)SSC 模型

上述局限性对软土蠕变(SSC)模型同样存在。此外，SSC 模型通常会过高地预计弹性岩土的行为范围。特别是在包括隧道修建在内的开挖问题上。还要注意正常固结土的初始应力。尽管使用 $OCR=1$ 看似合理,但对于应力水平受控于初始应力的问题,将导致过高估计变形。实际上,与初始有效应力相比,大多数土都有微小增加的预固结应力。在开始分析具有外荷载的问题前,强烈建议执行一个计算阶段,设置小的间隔,不要施加荷载,根据经验来检验地表沉降率。

(6)SS 模型

局限性(包括 HS 和 SSC 模型的)存在于 SS 模型中。事实上,SS 模型可以被 HS 模型所取代,这种模型是为了方便那些熟悉它的用户们而保留下来的。SS 模型的应用范围局限在压缩占主导地位的情形下。显然,在开挖问题上不推荐使用这种模型。

(7)MCC 模型

同样的局限性(包括 HS 模型和 SSC 模型的)存在于 MCC 模型中。此外,MCC 模型允许极高的剪应力存在,特别是在应力路径穿过临界状态线的情形下。进一步说,改进的 Cam-Clay 模型可以给出特定应力路径的软化行为。如果没有特殊的正规化技巧,那么,软化行为可能会导致网格相关和迭代过程中的收敛问题。改进的 Cam-Clay 模型在实际应用中是不被推荐的。

(8)NGI-ADP 模型

NGI-ADP 模型是一个不排水剪切强度模型。可用排水或者有效应力分析,注意剪切强度不会随着有效应力改变而自动更新。同样注意 NGI-ADP 模型不包括拉伸截断。

(9)胡克-布朗模型

胡克-布朗模型是各向异性连续模型。因此,该模型不适合成层或者节理岩体等具有明显的刚度各向异性或者一个两个主导滑移方向的对象,其行为可用节理岩体模型。

(10)界面

界面单元通常用双线性的摩尔-库仑模型模拟。当一个更高级的模型被用于相应的材料数据集时,界面单元仅需要选择那些与摩尔-库仑模型相关的数据:c,ϕ,ψ,E,ν。在这种情况下,界面刚度值取的就是弹性岩土刚度值。因此,$E=E_{ur}$,其中 E_{ur} 是应力水平相关的,即 E_{ur} 与 σ_m 成幂比例。对于软土蠕变模型来说,幂指数 m 等于 1,E_{ur} 在很大程度上由膨胀指数 κ^* 确定。

(11)不排水行为

总的来说,需要注意不排水条件,因为各种模型中所遵循有效应力路径很可能发生偏离。尽管数值模拟有选项在有效应力分析中处理不排水行为,但不排水强度 c_u 和 s_u 的使用可能优先选择有效应力属性(c',ϕ')。请注意直接输入的不排水强度不能自动包括剪切强度随固结的增加。无论任何原因,无论用户决定使用有效应力强度属性,强烈推荐检查输出程序中的滑动剪切强度的结果。

5.3 基于塑性理论的摩尔-库仑模型

塑性理论是在常规应力状态，描述弹塑性力学行为的需要：弹性范围内的应力应变行为；屈服或破坏方程；流动法则；应变硬化的定义（屈服函数随应力而改变）。对于标准摩尔-库仑模型，弹性区域是新弹性，没有应变硬化。

（1）理想塑性理论模型

弹塑性理论的一个基本原理是：应变和应变率可以分解成弹性部分和塑性部分。胡克定律是用来联系应力率和弹性应变率的。根据经典塑性理论（Hill，1950），塑性应变率与屈服函数对应力的导数成比例。这就意味着塑性应变率可以由垂直于屈服面的向量来表示。这个定理的经典形式被称为相关塑性。

然而，对于摩尔-库仑型屈服函数，相关塑性理论将会导致对剪胀的过高估计（见图5.8）。

通常塑性应变率可以写为：

$$\dot{\underline{\sigma}}' = \underline{D}^e \dot{\underline{\varepsilon}}^e = \underline{D}^e(\dot{\underline{\varepsilon}} - \dot{\underline{\varepsilon}}^p) \ ; \quad \dot{\underline{\varepsilon}}^p = \lambda \frac{\partial g}{\partial \underline{\sigma}'} \tag{5.16}$$

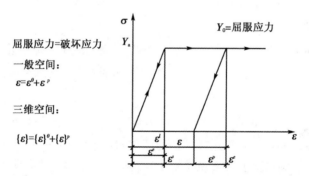

图 5.8 理想塑性理论模型

因此，除了屈服函数之外，还要引入一个塑性位能函数 g。$g \neq f$ 表示非相关塑性的情况。

在这里 λ 是塑性乘子。完全弹性行为情况下 $\lambda = 0$，塑性行为情况下 λ 为正：

$\lambda = 0$，当 $f < 0$ 或者

$$\frac{\partial f^T}{\partial \underline{\sigma}'} \underline{D}^e \dot{\underline{\varepsilon}} \leq 0 \tag{2.17}$$

$\lambda > 0$，当 $f = 0$ 或者

$$\frac{\partial f^T}{\partial \underline{\sigma}'} \underline{D}^e \dot{\underline{\varepsilon}} > 0 \tag{5.18}$$

这些方程可以用来得到弹塑性情况下有效应力率和有效应变率之间的关系如下

（Smith 和 Griffith，1982；Vermeer 和 de Borst，1984）：

$$\dot{\underline{\sigma}}' = \left(\underline{\underline{D}}^e - \frac{\alpha}{d}\underline{\underline{D}}^e \frac{\partial g}{\partial \underline{\sigma}'} \frac{\partial f^T}{\partial \underline{\sigma}'}\underline{\underline{D}}^e\right)\dot{\underline{\varepsilon}} \Bigg\}$$

$$d = \frac{\partial f^T}{\partial \underline{\sigma}'}\underline{\underline{D}}^e \frac{\partial g}{\partial \underline{\sigma}'} \Bigg\}$$

(5.19)

参数 α 起着一个开关的作用。如果材料行为是弹性的，α 的值就等于零；当材料行为是塑性的，α 的值就等于 1。

上述的塑性理论限制在光滑屈服面情况下，不包括摩尔-库仑模型中出现的那种多段屈服面包线。Koiter（1960）和其他人已经将塑性理论推广到了这种屈服面的情况，用来处理包括两个或者多个塑性势函数的流函数顶点：

$$\dot{\underline{\varepsilon}}^p = \lambda_1 \frac{\partial g_1}{\partial \underline{\sigma}'} + \lambda_2 \frac{\partial g_2}{\partial \underline{\sigma}'} + \cdots$$

(5.20)

类似地，几个拟无关屈服函数（f_1，f_2，$\cdots$）被用于确定乘子（λ_1，λ_2，$\cdots$）的大小。

（2）非理想塑性理论模型

图 5.9 所示为非理想塑性理论模型。

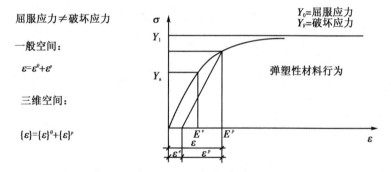

图 5.9　非理想塑性理论模型

（3）软化弹塑性理论模型

图 5.10 中材料属性决定软化的比例。

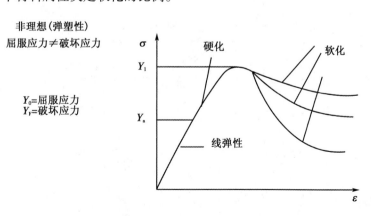

图 5.10　软化弹塑性理论模型

（4）屈服/破坏方程

图 5.11 所示为屈服/破坏方程示意图。图中，$f=0$ 表示应力空间的屈服面。

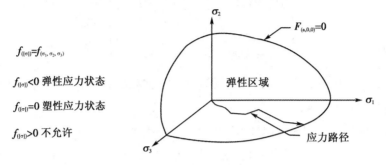

$f_{(|\sigma|)}=f_{(\sigma_1, \sigma_2, \sigma_3)}$

$f_{(|\sigma|)}<0$ 弹性应力状态

$f_{(|\sigma|)}=0$ 塑性应力状态

$f_{(|\sigma|)}>0$ 不允许

图 5.11　屈服/破坏方程

（5）摩尔-库仑准则

图 5.12 所示为摩尔-库仑准则示意图。

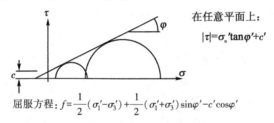

在任意平面上：

$|\tau|=\sigma_n{'}\tan\varphi'+c'$

屈服方程：$f=\dfrac{1}{2}(\sigma_1'-\sigma_3')+\dfrac{1}{2}(\sigma_1'+\sigma_3')\sin\varphi'-c'\cos\varphi'$

图 5.12　摩尔-库仑准则

基本参数：杨氏模量 E,（单位：kN/m^2），泊松比 v，黏聚力 c',（单位：kN/m^2），摩擦角 φ',（单位：$(°)$），剪胀角 ψ,（单位：$(°)$）。

（6）空间 3D 应力摩尔-库仑准则

摩尔-库仑屈服条件是库仑摩擦定律在一般应力状态下的推广。事实上，这个条件保证了一个材料单元内的任意平面都将遵守库仑摩擦定律。如果用主应力来描述，完全 MC 屈服条件由六个屈服函数组成：

$$
\left.
\begin{aligned}
f_{1a} &= \frac{1}{2}(\sigma_2'-\sigma_3')+\frac{1}{2}(\sigma_2'+\sigma_3')\sin\varphi-c\cos\varphi\leq 0\\[6pt]
f_{1b} &= \frac{1}{2}(\sigma_3'-\sigma_2')+\frac{1}{2}(\sigma_2'+\sigma_3')\sin\varphi-c\cos\varphi\leq 0\\[6pt]
f_{2a} &= \frac{1}{2}(\sigma_3'-\sigma_1')+\frac{1}{2}(\sigma_1'+\sigma_3')\sin\varphi-c\cos\varphi\leq 0\\[6pt]
f_{2b} &= \frac{1}{2}(\sigma_1'-\sigma_3')+\frac{1}{2}(\sigma_1'+\sigma_3')\sin\varphi-c\cos\varphi\leq 0\\[6pt]
f_{3a} &= \frac{1}{2}(\sigma_1'-\sigma_2')+\frac{1}{2}(\sigma_1'+\sigma_2')\sin\varphi-c\cos\varphi\leq 0\\[6pt]
f_{3b} &= \frac{1}{2}(\sigma_2'-\sigma_1')+\frac{1}{2}(\sigma_2'+\sigma_1')\sin\varphi-c\cos\varphi\leq 0
\end{aligned}
\right\}
\tag{5.21}
$$

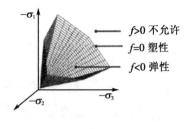

$$f=\frac{1}{2}(\sigma_1'-\sigma_3')+\frac{1}{2}(\sigma_1'+\sigma_3')\sin\varphi'-c'\cos\varphi'$$

图 5.13 空间 3D 应力摩尔-库仑准则

出现在上述屈服函数中的两个塑性模型参数就是众所周知的摩擦角和黏聚力。如图 5.13 所示，这些屈服函数可以共同表示主应力空间中的一个六棱锥。除了这些屈服函数，摩尔-库仑模型还定义了六个塑性势函数：

$$\left.\begin{aligned}
g_{1a}&=\frac{1}{2}(\sigma_2'-\sigma_3')+\frac{1}{2}(\sigma_2'+\sigma_3')\sin\psi\\[4pt]
g_{1b}&=\frac{1}{2}(\sigma_3'-\sigma_2')+\frac{1}{2}(\sigma_2'+\sigma_3')\sin\psi\\[4pt]
g_{2a}&=\frac{1}{2}(\sigma_3'-\sigma_1')+\frac{1}{2}(\sigma_3'+\sigma_1')\sin\psi\\[4pt]
g_{2b}&=\frac{1}{2}(\sigma_1'-\sigma_3')+\frac{1}{2}(\sigma_1'+\sigma_3')\sin\psi\\[4pt]
g_{3a}&=\frac{1}{2}(\sigma_1'-\sigma_2')+\frac{1}{2}(\sigma_2'+\sigma_1')\sin\psi\\[4pt]
g_{3b}&=\frac{1}{2}(\sigma_2'-\sigma_1')+\frac{1}{2}(\sigma_2'+\sigma_3')\sin\psi
\end{aligned}\right\}\qquad(5.22)$$

这些塑性势函数包含了第三个塑性参数，即剪胀角 ψ。它用于模拟正的塑性体积应变增量（剪胀现象），就像在密实的土中实际观察到的那样。后面将对 MC 模型中用到的所有模型参数做一个讨论。在一般应力状态下运用摩尔-库仑模型时，如果两个屈服面相交，需要作特殊处理。有些程序使用从一个屈服面到另一个屈服面的光滑过渡，即将棱角磨光（Smith 和 Griffith，1982）。MC 模型使用准确形式，即从一个屈服面到另一个屈服面用的是准确变化。关于棱角处理的详细情况可以参阅相关文献（Koiter，1960；van Langen 和 Vermeer，1990）。对于 $c>0$，标准莫尔-库仑准则允许有拉应力。事实上，它允许的拉应力大小随着黏性的增加而增加。实际情况是，土不能承受或者仅能承受极小的拉应力。这种性质可以通过指定"拉伸截断"来模拟。

在这种情况下，不允许有正的主应力摩尔圆。"拉伸截断"将引入另外三个屈服函数，定义如下：

$$
\left.
\begin{array}{l}
f_4 = \sigma'_1 - \sigma_t \leqslant 0 \\
f_5 = \sigma'_2 - \sigma_t \leqslant 0 \\
f_6 = \sigma'_3 - \sigma_t \leqslant 0
\end{array}
\right\}
\qquad (5.23)
$$

当使用"拉伸截断"时，允许拉应力 σ_t 的缺省值取为零。对这三个屈服函数采用相关联的流动法则。对于屈服面内的应力状态，它的行为是弹性的并且遵守各向同性的线弹性胡克定律。因此，除了塑性参数 c 和 ψ，还需要输入弹性弹性模量 E 和泊松比 v。

（7）偏平面摩尔-库仑准则

图 5.14 所示为偏平面摩尔-库仑准则示意图。

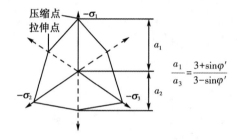

图 5.14 偏平面摩尔-库仑准则

（8）流动法则

屈服/破坏准则给出是否塑性应变，但是无法给出塑性应变增量的大小与方向。因此，需要建立另一个方程，即塑性势方程。图 5.15 所示为塑性势方程示意图。

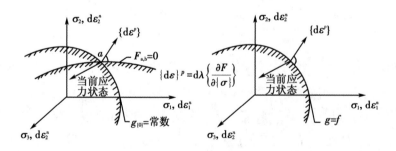

图 5.15 塑性势方程

塑性应变增量

$$
\{ \mathrm{d}\varepsilon \}^p = \mathrm{d}\lambda \left\{ \frac{\partial g}{|\partial \sigma|} \right\}
\qquad (5.24)
$$

式中，g——塑性势，$g = g_{(|\sigma|)}$；

$\mathrm{d}\lambda$——常量（非材料参数）。

不相关流动法则：

$$\{\mathrm{d}\varepsilon\}^p = \mathrm{d}\lambda\left\{\frac{\partial g}{\partial(\sigma)}\right\}, \ g \neq f \tag{5.25}$$

相关流动法则：

$$\{\mathrm{d}\varepsilon\}^p = \mathrm{d}\lambda\left\{\frac{\partial F}{\partial\{\sigma\}}\right\}, \ g = f \tag{5.26}$$

（9）摩尔-库仑塑性势

图 5.16 所示为摩尔-库仑塑性势示意图。

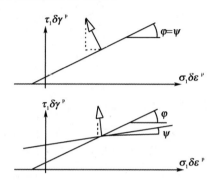

图 5.16　摩尔-库仑塑性势

$$\left.\begin{aligned}
f &= \frac{1}{2}(\sigma_1' - \sigma_3') + \frac{1}{2}(\sigma_1' + \sigma_3')\sin\varphi' - c'\cos\varphi' \\
g &= \frac{1}{2}(\sigma_1' - \sigma_3') + \frac{1}{2}(\sigma_1' + \sigma_3')\sin + \cos\psi
\end{aligned}\right\} \tag{5.27}$$

（10）摩尔-库仑剪胀

强度达到摩尔强度后的剪胀，强度＝摩擦＋剪胀。其中，Kinematic 硬化是指移动硬化特性。如图 5.17 和图 5.18 所示。

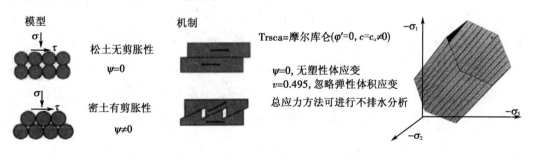

（a）有无剪胀特性　　　　　　　　　　（b）Tresca 破坏准则

图 5.17　摩尔-库仑有无剪胀性与 Tresca 破坏准则

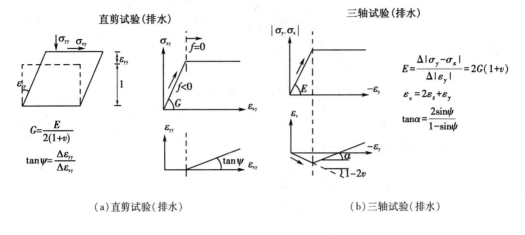

（a）直剪试验（排水）　　　　　　　　（b）三轴试验（排水）

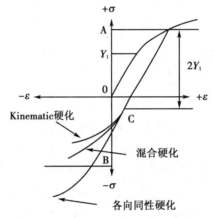

$$F(\{\sigma\}_0\{\varepsilon\}^p)=0 \quad 一般为 F(\{\sigma\}_0 h)=0;\ h=f(\{\varepsilon\}^p)$$

（c）摩尔-库仑应变硬化特性

图5.18　摩尔-库仑排水剪切特性与应变硬化特性

综上所述，可知摩尔-库仑模型的性能与局限性。摩尔-库仑的性能：简单的理想弹塑性模型，一阶方法近似模拟土体的一般行为，适合某些工程应用，参数少而意义明确，可以很好地表示破坏行为（排水），包括剪胀角，各向同性行为和破坏前为线弹性行为。摩尔库仑的局限性：无应力相关刚度，加载/卸载重加载刚度相同，不适合深部开挖和隧道工程，无剪胀截断，不排水行为有些情况失真，无各向异性和无时间相关性（蠕变行为）。

5.4　基于塑性理论的典型本构模型比较

沈珠江院士认为计算岩土力学的核心问题是本构模型。下面讨论基坑数值分析土体本构模型的选择。目前，已有几百种土体的本构模型，常见的可以分为三大类即弹性模型、弹–理想塑性模型和应变硬化的弹塑性模型，如表 5.1 所示。

表 5.1　主要本构模型

模型大类	本够模型
弹性模型	线弹性模型、非线性弹性模型（Duncan-Chang, DC）模型
弹–理想塑性模型	Mohr-Coulomb（MC）模型、Druker-Prager（DP）模型、
应变硬化弹塑性模型	Modified Cam-Clay（MCC）模型、Hardening Soil（HS）模型、 小应变土体硬化（HSS）模型

MC、HS 以及 MCC 三个本构模型选择的对比分析情况如图 5.19 所示。

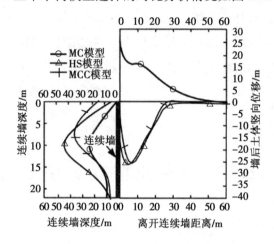

图 5.19　不同本构模型对比分析情况

研究基坑墙体侧移，HS 模型和 MCC 模型得到的变形较接近，MC 模型得到的侧移则要小得多，原因是 HS 模型和 MCC 模型在卸载时较加载具有更大的模量，而 MC 模型的加载和卸载模量相同，且无法考虑应力路径的影响，这导致 MC 模型产生很大的坑底回弹，从而减小了墙体的变形。从墙后地表竖向位移来看，HS 模型和 MCC 模型得到了与工程经验相符合的凹槽型沉降，而 MC 模型的墙后地表位移则表现为回弹，这与工程经验不符。产生这种差别的原因是 MC 模型的回弹过大而使得墙体的回弹过大，进而显著地影响了墙后地表的变形。表 5.2 为各种本构模型在基坑数值开挖分析中的适用性。

表 5.2　各种本构模型在基坑数值开挖分析中的适用性

本构模型的类型		不适合一般分析	适合初步分析	适合准确分析	适合高级分析
弹性模型	线弹性模型	√			
	横观各向同性	√			
	DC 模型		√		
弹–理想塑性模型	MC 模型		√		
	DP 模型		√		

表5.2(续)

本构模型的类型		不适合一般分析	适合初步分析	适合准确分析	适合高级分析
硬化模型	MCC 模型			√	
	HS 模型			√	
小应变模型	MIT-E3、HSS 模型				√

弹性模型由于不能反映土体的塑性性质、不能较好地模拟主动土压力和被动土压力因而不适合于基坑开挖的分析。弹-理想塑性的 MC 模型和 DP 模型由于采用单一刚度往往导致很大的坑底回弹,难以同时给出合理的墙体变形和墙后土体变形。能考虑软黏土应变硬化特征、能区分加载和卸载的区别且其刚度依赖于应力历史和应力路径的硬化模型如 MCC 模型和 HS 模型,能同时给出较为合理的墙体变形及墙后土体变形情况。

由上述分析可知:敏感环境下的基坑工程设计需重点关心墙后土体的变形情况,从满足工程需要和方便实用的角度出发,建议采用 MCC 和 HS 模型进行敏感环境下的基坑开挖数值分析。

5.5 基于土体硬化(HS)模型的小应变土体硬化(HSS)模型

(1)小应变土体硬化(HSS)模型

最初的土体硬化模型假设土体在卸载和再加载时是弹性的。但是实际上土体刚度为完全弹性的应变范围十分狭小。随着应变范围的扩大,土体剪切刚度会显示出非线性。通过绘制土体刚度和 log 应变图可以发现,土体刚度呈 S 曲线状衰减。图 5.20 显示了这种刚度衰减曲线。它的轮廓线(剪切应变参数)可以由现场土工测试和实验室测试得到。通过经典试验(例如三轴试验、普通固结试验)在实验室中测得的刚度参数已经不到初始状态的一半了。

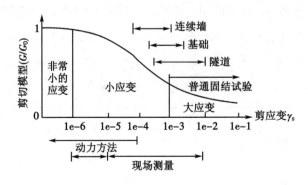

图5.20 土体的典型剪切刚度-应变曲线

用于分析土工结构的土体刚度并不是依照图 5.20 在施工完成时的刚度。需要考虑小应变土体刚度和土体在整个应变范围内的非线性。HSS 模型继承了 HS 模型的所有特性，提供了解决这类问题的可能性。HSS 模型是基于 HS 模型而建立的，两者有着几乎相同的参数。实际上，模型中只增加了两个参数用于描述小应变刚度行为：初始小应变模量 G_0；剪切应变水平 $\gamma_{0.7}$——割线模量 G_s 减小到 $70\% G_0$ 时的应变水平。

（2）用双曲线准则描述小应变刚度

在土体动力学中，小应变刚度已经广为人知。在静力分析中，这个土体动力学中的发现一直没有被实际应用。静力土体与动力土体的刚度区别应该归因于荷载种类（例如惯性力和应变），而不是范围巨大的应变范围，后者在动力情况（包括地震）下很少考虑。惯性力和应变率只对初始土体刚度有很小的影响。所以，动力土体刚度和小应变刚度实际上是相同的。

土体动力学中最常用的模型大概就是 Hardin-Drnevich 模型。由试验数据充分证明了小应变情况下的应力-应变曲线可以用简单的双曲线形式来模拟。类似地，Kondner 在 Hardin 和 Drnevich（1972）的提议下发表了应用于大应变的双曲线准则。

$$\frac{G_s}{G_0} = \frac{1}{1 + \left| \dfrac{\gamma}{\gamma_r} \right|} \tag{5.28}$$

其中极限剪切应变 γ_r 定义为：

$$\gamma_r = \frac{\tau_{\max}}{G_0} \tag{5.29}$$

式中：$\tau_{\max}$——破坏时的剪应力。

式（5.28）和（5.29）将大应变（破坏）与小应变行为很好地联系起来。

为了避免错误地使用较大的极限剪应变，Santos 和 Correia（2001）建议使用割线模量 G_s 减小到初始值的 70% 时的剪应变 $\gamma_{0.7}$ 来替代 γ_r。

$$\frac{G_s}{G_0} = \frac{1}{1 + a \left| \dfrac{\gamma}{\gamma_{0.7}} \right|} \tag{5.30}$$

其中 $a = 0.385$。

事实上，使用 $a = 0.385$ 和 $\gamma_r = \gamma_{0.7}$ 意味着 $\dfrac{G_s}{G_0} = 0.722$。所以，大约 70% 应该精确的称为 72.2%。图 5.21 显示了修正后的 Hardin-Drnevich 关系曲线（归一化）。

（3）土体硬化（HS）模型中使用 Hardin-Drnevich 关系

软黏土的小应变刚度可以与分子间体积损失以及土体骨架间的表面力相结合。一旦荷载方向相反，刚度恢复到依据初始土体刚度确定的最大值。然后，随着反向荷载加载，

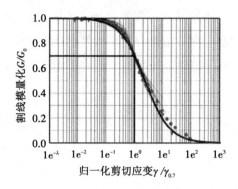

图 5.21　Hardin-Drnevich 关系曲线与实测数据对比

刚度又逐渐减小。应力历史相关,多轴扩张的 Hardin-Drnevich 关系需要加入 HS 模型中。这个扩充最初由 Benz(2006)以小应变模型的方式提出。Benz 定义了剪切应变标量 γ_{hist}:

$$\gamma_{hist} = \sqrt{3}\, \frac{\|\underline{\underline{H}}\Delta\underline{e}\|}{\|\Delta\underline{e}\|} \tag{5.31}$$

式中: $\Delta\underline{e}$——当前偏应变增量;

　　　$\underline{\underline{H}}$——材料应变历史的对称张量。

　一旦监测到应变方向反向,$\underline{\underline{H}}$ 就会在实际应变增量 $\Delta\underline{e}$ 增加前部分或是全部重置。依据 Simpson(1992)的块体模型理论:所有 3 个方向主应变偏量都检测应变方向,就像 3 个独立的 Brick 模型。应变张量 $\underline{\underline{H}}$ 和随应力路径变化的更多细节请查阅 Benz(2006)的相关文献。

　　剪切应变标量 γ_{hist} 的值由式(5.31)计算得到。剪切应变标量定义为:

$$\gamma = \frac{3}{2}\varepsilon_q \tag{5.32}$$

式中: ε_q——第二偏应变不变量。

　　在三维空间中 γ 可以写成:

$$\gamma = \varepsilon_{axial} - \varepsilon_{lateral} \tag{5.32}$$

　　在小应变土体硬化模型 HSS 中,应力应变关系可以用割线模量简单表示为:

$$\tau = G_s\gamma = \frac{G_0\gamma}{1+0.385\dfrac{\gamma}{\gamma_{0.7}}} \tag{5.34}$$

　　对剪切应变进行求导可以得到切线剪切模量:

$$G_t = \frac{G_0}{\left(1+0.385\dfrac{\gamma}{\gamma_{0.7}}\right)^2} \tag{5.35}$$

刚度减小曲线一直到材料塑性区。在土体硬化模型 HS 和小应变土体硬化模型 HSS

中，塑性应变产生的刚度退化使用应变强化来模拟。

在小应变土体硬化模型 HSS 中，小应变刚度减小曲线有一个下限，它可以由常规试验室试验得到，切线剪切模量 G_t 的下限是卸载再加载模量 G_{ur}，与材料参数 E_{ur} 和 ν_{ur} 相关：

$$\left.\begin{array}{l} G_t \geqslant G_{ur} \\ G_{ur} = \dfrac{E_{ur}}{2(1+\nu_{ur})} \end{array}\right\} \tag{5.36}$$

截断剪切应变 $\gamma_{cut-off}$ 计算公式为：

$$\gamma_{cut-off} = \frac{1}{0.385}\left(\sqrt{\frac{G_0}{G_{ur}}}-1\right)\gamma_{0.7} \tag{5.37}$$

在小应变土体硬化模型 HSS 中，实际准弹性切线模量是通过切线刚度在实际剪应变增量范围内积分求得的。小应变土体硬化模型 HSS 中使用的刚度减小曲线如图 5.22 所示。

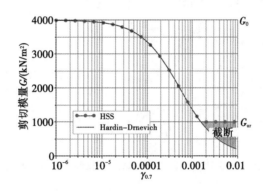

图 5.22 小应变土体硬化模型 HSS 中使用的刚度减小曲线以及截断

(4)原始(初始)加载与卸载/再加载

Masing(1962)在研究材料的滞回行为中发现土体卸载/再加载循环中遵循以下准则：卸载时的剪切模量等于初次加载时的初始切线模量。卸载再加载的曲线形状与初始加载曲线形状相同，数值增大两倍。

对于上面提到的剪切应变 $\gamma_{0.7}$，Masing 可以通过下面的设定来满足 Hardin-Drnevich 关系(见图 5.23 和图 5.24)。

$$\gamma_{0.7re-loading} = 2\gamma_{0.7virgin-loading} \tag{5.38}$$

HSS 模型通过把用户提供的初始加载剪切模量加倍来满足 Masing 的准则。如果考虑塑性强化，初始加载时的小应变刚度就会很快减小，用户定义的初始剪切应变通常需要加倍。HSS 模型中的强化准则可以很好地适应这种小应变刚度减小。图 5.23 和图 5.24 举例说明了 Masing 准则以及初始加载、卸载/再加载刚度减小。

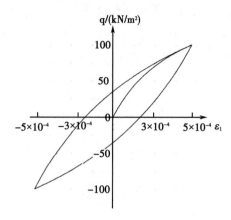

图 5.23 土体材料滞回性能

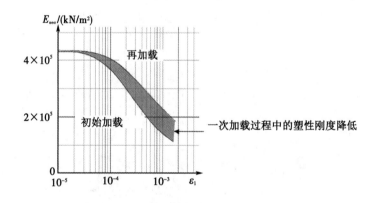

图 5.24 HSS 模型刚度参数在主加载以及卸载/再加载时减小示意图

(5)模型参数及确定方法

相比 HS 模型，HSS 模型需要两个额外的刚度参数输入：G_0^{ref} 和 $\gamma_{0.7}$。所有其他参数，包括代替刚度参数，都保持不变。G_0^{ref} 定义为参考最小主应力 $-\sigma_3'=p^{ref}$ 的非常小应变（如：$\varepsilon<10^{-6}$）下的剪切模量。卸载泊松比 ν_{ur} 设为恒定，因而剪切刚度 G_0^{ref} 可以通过小应变弹性模量很快计算出来 $G_0^{ref}=E_0^{ref}/[2(1+\nu_{ur})]$。界限剪应变 $\gamma_{0.7}$ 使得割线剪切模量 G_s^{ref} 衰退为 $0.722G_0^{ref}$。界限应变 $\gamma_{0.7}$ 是自初次加载。总之，除了 HS 需要输入的参数外，HSS 模型需要输入刚度参数：G_0^{ref} 为小应变（$\varepsilon<10^{-6}$）的参考剪切模量，kN/m²；$\gamma_{0.7}$ 为 $G_s^{ref}=0.722G_0^{ref}$ 时的剪切应变。图 5.25 表明了三轴试验的模型刚度参数 E_{50}、E_{ur} 和 $E_0=2G_0(1+\nu_{ur})$。对于 E_{ur} 和 $2G_0$ 对应的应变，可以参考前面的论述。如果默认值 $E_0^{ref}=G_{ur}^{ref}$，没有小应变硬化行为发生，HSS 模型就相当于 HS 模型。

① 弹性模量（E）。初始斜率用 E_0 表示，50% 强度处割线模量用 E_{50} 表示，如图 5.26 所示。对于土体加载问题一般使用 E_{50}；如果考虑隧道等开挖卸载问题，一般需要用 E_{ur}

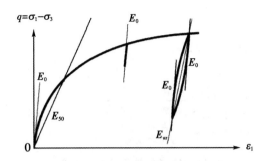

图 5.25　HSS 模型中的刚度参数 $E_0 = 2G_0(1+\nu_{ur})$

替换 E_{50}。

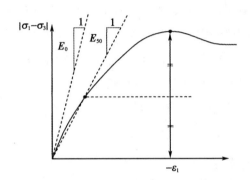

图 5.26　E_0 和 E_{50} 的定义方法(标准排水三轴试验结果)

对于岩土材料而言，不管是卸载模量还是初始加载模量，往往都会随着围压的增加而增大。给出了一个刚度会随着深度增加而增加的特殊输入选项，如图 5.27 所示。另外，观测到刚度与应力路径相关。卸载重加载的刚度比首次加载的刚度更大。所以，土体观测到(排水)压缩的弹性模量比剪切的更低。因此，当使用恒定的刚度模量来模拟土体行为，可以选择一个与应力水平和应力路径发展相关的值。

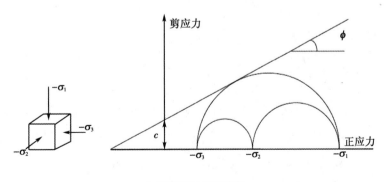

(a)有效应力强度参数

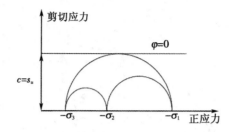

（b）不排水强度参数

图 5.27　应力圆与库仑破坏线

② 泊松比（ν）。当弹性模型或者 MC 模型用于重力荷载（塑性计算中 $\sum M_{weight}$ 从 0 增加到 1）问题时，泊松比的选择特别简单。对于这种类型的加载，给出比较符合实际的比值 $K_0 = \sigma_h / \sigma_v$。在一维压缩情况下，由于两种模型都会给出众所周知的比值：$\sigma_h / \sigma_v = \nu / (1-\nu)$，因此容易选择一个可以得到比较符合实际的 K_0 值的泊松比。通过匹配 K_0 值，可以估计 ν 值。在许多情况下得到的 ν 值是介于 0.3 和 0.4 之间的。一般地说，除了一维压缩，这个范围的值还可以用在加载条件下。在卸载条件下，使用 0.15～0.25 更为普遍。

③ 内聚力（c）。内聚力与应力同量纲。在摩尔-库仑模型中，内聚力参数可以用来模拟土体的有效内聚力，与土体真实的有效摩擦角联合使用（见图 5.27（a））。不仅适用于排水土体行为，也适合于不排水（A）的材料行为，两种情况下，都可以执行有效应力分析。除此以外，当设置为不排水（B）和不排水（C）时，内聚力参数可以使用不排水剪切强度参数 c_u（或者 s_u），同时设置摩擦角为 0。设置为不排水（A）时，使用有效应力强度参数分析的劣势在于，模型中的不排水剪切强度与室内试验获得的不排水剪切强度不易相符，原因在于它们的应力路径往往不同。在这方面，高级土体模型比摩尔-库仑模型表现更好。但所有情况下，建议检查所有计算阶段中的应力状态和当前真实剪切强度（$|\sigma_1 - \sigma_3| \leqslant s_u$）。

④ 内摩擦角（ϕ）。内摩擦角以度的形式输入。通常摩擦角模拟土体有效摩擦，并与有效内聚力一起使用（见图 5.27（a））。这不仅适合排水行为，同样适合不排水（A），因为它们都基于有效应力分析。除此以外，土的强度设置还可以使用不排水剪切强度作为内聚力参数输入，并将摩擦角设为零，即不排水（B）和不排水（C）（见图 5.27（b））。摩擦角较大（如密实砂土的摩擦角）时会显著增加塑性计算量。计算时间的增加量大致与摩擦角的大小呈指数关系。因此，初步计算某个工程问题时，应该避免使用较大的摩擦角。如图 5.27 中摩尔应力圆所示，摩擦角在很大程度上决定了抗剪强度。

图 5.28 所示是一种更为一般的屈服准则。摩尔-库仑破坏准则被证明比 DP 近似更好地描述了土体，因为后者的破坏面在轴对称情况下往往是很不准确的。

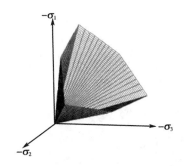

图 5.28　主应力空间下无黏性土的破坏面

⑤ 剪胀角(ψ)。剪胀角(ψ)是以度的方式指定的。除了严重的超固结土层以外，黏性土通常没有什么剪胀性($\psi=0$)。砂土的剪胀性依赖于密度和摩擦角。对于石英砂土来说，$\psi=\phi-30°$，ψ 的值比 ϕ 的值小 30°，然而剪胀角在多数情况下为零。ψ 的小的负值仅仅对极松的砂土是实际的。摩擦角与剪胀角之间的进一步关系可以参见 Bolton(1986)相关文章。

一个正值摩擦角表示在排水条件下土体的剪切将导致体积持续膨胀。这有些不真实，对于多数土，膨胀在某个程度会达到一个极限值，进一步的剪切变形将不会带来体积膨胀。在不排水条件下，正的剪胀角加上体积改变，将导致拉伸孔隙应力(负孔压)的产生。因此，在不排水有效应力分析中，土体强度可能被高估。当土体强度使用 $c=c_{\mathrm{u}}$(s_{u})和 $\phi=0$，不排水(B)或者不排水(C)，剪胀角必须设置为零。特别注意，使用正值的剪胀角并且把材料类型设置为不排水(A)时，模型可能因为吸力而产生无限大的土体强度。

⑥ 剪切模量(G)。剪切模量 G 与应力是同一量纲。根据胡克定律，弹性模量和剪切模量的关系如下：

$$G=\frac{E}{1+(1+\nu)} \tag{5.39}$$

泊松比不变的情况下，给 G 或 E_{oed} 输入一个值，将导致 E 的改变。

⑦ 固结仪模量(E_{oed})。固结仪模量 E_{oed}(侧限压缩模量)，与应力量纲相同。根据胡克定律，可得固结仪模量：

$$E_{\mathrm{oed}}=\frac{(1-\nu)E}{(1-2\nu)(1+\nu)} \tag{5.40}$$

泊松比不变的情况下，给 G 或 E_{oed} 输入一个值，将导致 E 的改变。

⑧ 压缩波速(V_P)与剪切波速和(V_S)。一维空间压缩波速与固结仪模量和密度有关：

$$V_P=\sqrt{\frac{E_{\mathrm{oed}}}{\rho}} \tag{5.41}$$

其中，$E_{oed} = \dfrac{(1-\nu)E}{(1+\nu)(1-2\nu)}$，$\rho = \dfrac{\gamma_{unsat}}{g}$。

一维空间剪切波速与剪切模量和密度有关：

$$V_S = \sqrt{\dfrac{G}{\rho}} \tag{5.42}$$

其中，$G = \dfrac{E}{2(1+\nu)}$，$e \leqslant = \dfrac{\gamma_{unsat}}{g}$。$g$ 取 $9.8\,m/s^2$。

⑨ 摩尔-库仑模型的高级参数。当使用摩尔-库仑模型时，高级的特征包括：刚度和内聚力强度随着深度的增加而增加，使用"拉伸截断"选项。事实上，后一个选项的使用是缺省设置，但是如果需要的话，可以在这里将它设置为无效。

• 刚度的增加（E_{inc}）。在真实土体中，刚度在很大程度上依赖于应力水平，这就意味着刚度通常随着深度的增加而增加。当使用摩尔-库仑模型时，刚度是一个常数值，E_{inc} 就是用来说明刚度随着深度的增加而增加的，它表示弹性模量在每个单位深度上的增加量（单位：应力/单位深度）。在由 y_{ref} 参数给定的水平上，刚度就等于弹性模量的参考值 E'_{ref}，即在参数表中输入的值。

$$E(y) = E_{ref} + (y_{ref} - y)E_{inc} \qquad (y < y_{ref}) \tag{5.43}$$

弹性模量在应力点上的实际值由参考值和 E'_{inc} 得到。要注意，在计算中，随着深度而增加的刚度值并不是应力状态的函数。

• 内聚力的增加（c_{inc} 或者 $s_{u,inc}$）。对于黏性土层提供了一个高级输入选项，反映内聚力随着深度的增加而增加。c_{inc} 就是用来说明内聚力随着深度的增加而增加的，它表示每单位深度上内聚力的增加量。在由 y_{ref} 参数给定的水平上，内聚力就等于内聚力的参考值 c_{ref}，即在参数表中输入的值。内聚力在应力点上的实际值由参考值和 c_{inc} 得到。

$$c(y) = c_{ref} + (y_{ref} - y)c_{inc} \qquad (y < y_{ref})$$
$$S_u(y) = S_{u,ref} + (y_{ref} - y)s_{u,inc} \qquad (y < y_{ref}) \tag{5.44}$$

• 拉伸截断。在一些实际问题中要考虑到拉应力的问题。根据图 5.27 所显示的库仑包络线，这种情况在剪应力（摩尔圆的半径）充分小的时候是允许的。然而，沟渠附近的土体表层有时会出现拉力裂缝。这就说明除了剪切以外，土壤还可能受到拉力的破坏。分析中选择拉伸截断就反映了这种行为。这种情况下，不允许有正主应力的摩尔圆。当选择拉伸截断时，可以输入允许的拉力强度。对于摩尔-库仑模型和 HS 模型来说，采用拉伸截断时抗拉强度的缺省值为零。

• 动力计算中的摩尔-库仑模型。当在动力计算中，使用摩尔-库仑模型，刚度参数的设置需要考虑正确的波速。一般来说小应变刚度比工程中的应变水平下的刚度更适合。当受到动力或者循环加载时，摩尔-库仑模型一般仅仅表现为弹性行为，而且没有滞回阻尼,也没有应变或孔压或者液化。为了模拟土体的阻力特性,需要定义瑞利阻尼。

(6)G_0 和 $\gamma_{0.7}$ 参数

一些系数影响着小应变参数 G_0 和 $\gamma_{0.7}$。最重要的是,岩土体材料的应力状态和孔隙比 e 的影响。在 HSS 模型,应力相关的剪切模量 G_0 按照幂法则考虑:

$$G_0 = G_0^{\mathrm{ref}} \left(\frac{c\cos\varphi - \sigma'\sin\varphi}{c\cos\varphi - p^{\mathrm{ref}}\sin\varphi} \right)^m \tag{5.45}$$

上式类似于其他刚度参数公式。界限剪切应变 $\gamma_{0.7}$ 独立于主应力。

假设 HSS/HS 模型中的计算孔隙比改变很小,材料参数不因孔隙比改变而更新。材料初始孔隙比对找到小应变剪切刚度非常有帮助,可以参考许多相关资料(Benz,2006)。适合多数土体的估计值由 Hardin 和 Black(1969)给出:

$$G_0^{\mathrm{ref}} = \frac{(2.97 - e)^2}{1 + e} \tag{5.46}$$

Alpan(1970)根据经验给出动力土体刚度与静力土体刚度的关系。如图 5.29 所示。

在 Alpan 的图中,动力土体刚度等于小应变刚度 G_0 或 E_0。在 HSS 模型中,考虑静力刚度 E_{static} 定义约等于卸载/重加载刚度 E_{ur}。

可以根据卸载/重加载 E_{ur} 来估算土体小应变刚度。尽管 Alpan 建议 E_0/E_{ur} 对于非常软的黏土可以超过 10,但是在 HSS 模型中,限制最大 E_0/E_{ur} 或 G_0/G_{ur} 为 10。

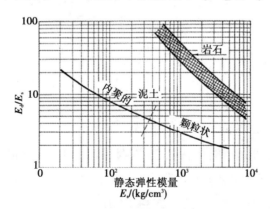

图 5.29　动力刚度($E_{\mathrm{d}} = E_0$)与静力刚度($E_{\mathrm{s}} = E_{\mathrm{ur}}$)的关系

在这个实测数据中,关系适用于界限剪应变 $\gamma_{0.7}$。图 5.30 给出了剪切应变与塑性指数的关系。使用起初的 Hardin-Drnevich 关系,界限剪切应变 $\gamma_{0.7}$ 可以与模型的破坏参数相关。应用摩尔-库仑破坏准则:

$$\gamma_{0.7} \approx \frac{1}{9G_0} \left[2c'(1 + \cos(2\varphi')) - \sigma_1'(1 + K_0)\sin(2\varphi) \right] \tag{5.47}$$

式中:K_0——水平应力系数;

σ_1'——有效垂直应力(压为负)。

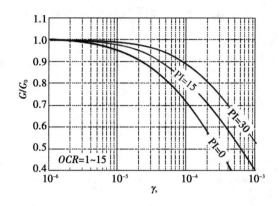

图 5.30　Vucetic 与 Dobry 给出的塑性指数对刚度的影响

（7）模型初始化

应力松弛消除了土的先期应力的影响。在应力松弛和联结形成期间，土体的颗粒（或级配）组成逐渐成熟，在此期间，土的应力历史消除。

考虑到自然沉积土体的第二个过程发展较快，多数边界值问题里应变历史应该开始于零（$\underline{\underline{H}}=0$）。这在 HSS 模型中是一个默认的设置。

然而，一些时候可能需要初始应变历史。在这种情况下，应变历史可以设置，通过在开始计算之前施加一个附加荷载步。这样一个附加荷载步可以用于模拟超固结土。计算前一般超固结的过程已经消失很久。所以应变历史后来应该重新设置。然而，应变历史已经通过增加和去除超载而引发。在这种情况下，应变历史可以手动重置，通过代替材料或者施加一个小的荷载步。更方便的是试用初始应力过程。

当使用 HSS 模型，小心试用零塑性步。零塑性步的应变增量完全来自系统中小的数值不平衡，该不平衡决定于计算容许误差。零塑性步中的小应变增量方向因此是任意的。因此，零塑性步的作用可能像一个随意颠倒的荷载步，多数情况不需要。

（8）HSS 模型与 HS 模型的其他不同——动剪胀角

HS 模型和 HSS 模型的剪切硬化流动法则都有线性关系：

$$\dot{\varepsilon}_v^p = \sin\psi_m \dot{\gamma}^p \tag{5.48}$$

动剪胀角 ψ_m 在压缩的情况下，HSS 模型和 HS 模型有不同定义。HS 模型中假定如下：

对于 $\sin\varphi_m < 3/4\sin\varphi$，$\psi_m = 0$；对于 $\sin\varphi_m \geq 3/4\sin\varphi$ 且 $\psi > 0$，$\sin\psi_m = \max\left(\dfrac{\sin\varphi_m - \sin\varphi_{cv}}{1 - \sin\varphi_m \sin\varphi_{cv}}, 0\right)$；对于 $\sin\varphi_m \geq 3/4\sin\varphi$ 且 $\psi < 0$，$\psi_m = \psi$；如果 $\varphi = 0$，$\psi_m = 0$。

其中 φ_{cv} 是一个临界状态摩擦角，作为一个与密度相关材料常量，φ_m 是一个动摩擦角：

$$\sin\varphi_m = \frac{\sigma_1' - \sigma_3'}{\sigma_1' + \sigma_3' - 2c\cot\varphi} \tag{5.49}$$

对于小摩擦角和负的 ψ_m，通过 Rowe 的公式计算，ψ_m 在 HS 模型中设为零。设定更低的 ψ_m 值有时候会导致塑性体积应变太小。

因此，HSS 模型采用 Li 和 Dafalias 的一个方法，每当 ψ_m 通过 Rowe 公式计算则是负值。在这种情况下，动摩擦在 HSS 模型中计算如下：

$$\sin\psi_m = \frac{1}{10}\left\{ M \exp\left[\frac{1}{15}\ln\left(\frac{\eta}{M}\frac{q}{q_a}\right)\right] + \eta \right\} \tag{5.50}$$

其中，M 是破坏应力比，$\eta = q/p$ 是真实应力比。方程是 Li 和 Dafalias 的孔隙比相关方程的简化版。

5.6　土体硬化 HS 和小应变土体硬化 HSS 模型特征

（1）土体固结仪试验加载–卸载

土体硬化 HS 卸载：卸载泊松比较小，水平应力变化小。摩尔–库仑卸载：卸载泊松比即为加载泊松比，水平应力按照加载路径变化。如图 5.31 所示。

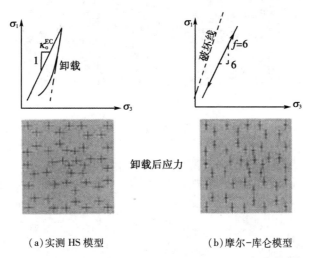

（a）实测 HS 模型　　　　　　　（b）摩尔–库仑模型

图 5.31　土体硬化 HS 卸载与摩尔–库仑卸载特性

① 条形基础沉降，加载应力路径下，各模型沉降分布结果差异较小。如图 5.32 所示。

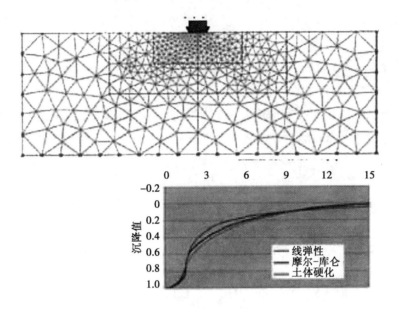

图 5.32　土体硬化 HS 卸载与摩尔-库仑卸载条形基础沉降特性

② 基坑开挖下挡墙后方竖向位移差异见图 5.33。

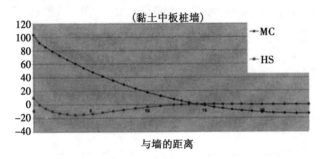

图 5.33　土体硬化 HS 卸载与摩尔库仑卸载基坑开挖下挡墙后方竖向位移差异特性

（2）双曲线应力应变关系

① 标准三轴试验数据如图 5.34 所示。

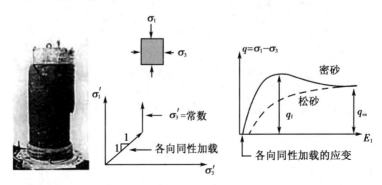

图 5.34　土体硬化 HS 标准三轴试验各向同性加载的应变特性

② 双曲线逼近方程应变特性如图 5.35 所示。主要参考 Kondner 和 Zelasko(1963)的"砂土的双曲应力-应变公式"。

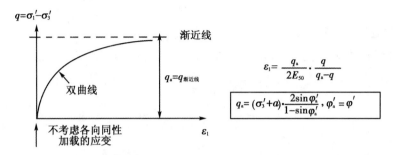

图 5.35　土体硬化 HS 双曲线逼近方程各向同性加载的应变特性

基本参数:E 为杨氏模量单位为 kN/m^2,v 为泊松比,c' 为黏聚力单位为 kN/m^2,φ' 为摩擦角单位为(°),ψ 为剪胀角单位为(°)。

③ 割线模量 E_{50} 的定义方程应变特性见图 5.36。

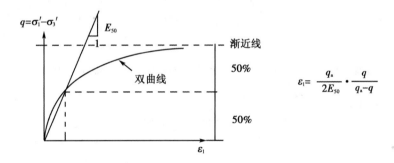

图 5.36　土体硬化 HS 割线模量 E_{50} 的定义方程各向同性加载的应变特性

$E_{50}{}^{ref}$ 为初次加载达到 50% 强度的参考模量:

$$E_{50} = E_{50}^{ref}\left(\frac{\sigma_3' + a}{p_{ref} + a}\right)^m \tag{5.51}$$

其中,$m_{砂土} = 0.5$;$m_{黏土} = 1$。

④ 修正邓肯-张模型方程应变特性见图 5.37。主要参考 Duncan 和 Chang(1970)的《土壤应力应变的非线性分析》。

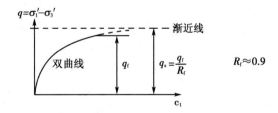

图 5.37　土体硬化 HS 修正邓肯-张模型方程向同性加载的应变特性

图中，双曲线部分 $q<q_f$；水平线部分 $q=q_f$。

$$q_1 = (\sigma_3'+a)\frac{2\sin\varphi'}{1-\sin\varphi'} \tag{5.53}$$

摩尔-库仑破坏偏应力：$a=c'\cot\varphi'$

⑤ 排水试验数据（超固结 Frankfurt 黏土）见图 5.38。主要参考 Amann、Breth 和 Stroh（1975）的文献。

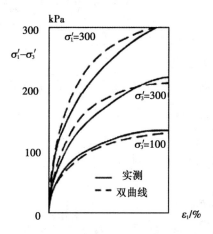

图 5.38　土体硬化 HS 排水试验数据（超固结 Frankfurt 黏土）各向同性加载的应变特性

（3）剪应变等值线

① 三轴试验曲线的双曲线逼近应变特性见图 5.39。

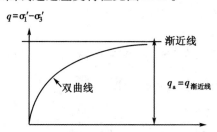

图 5.39　土体硬化 HS 三轴试验曲线的双曲线逼近各向同性加载的应变特性

剪切应变：

$$\gamma = \varepsilon_1 - \varepsilon_3 \approx \frac{3}{2}\varepsilon_1 \tag{5.54}$$

$$\gamma = \frac{3}{4}\frac{q_a}{E_{50}} \cdot \frac{q}{q_a-q} \tag{5.55}$$

$$q_a = (\sigma_3'+a)\frac{2\sin\varphi_a'}{1-\sin\varphi_a'} \tag{2.56}$$

$$\varepsilon_1 = \frac{q_a}{2E_{50}} \cdot \frac{q}{q_a-q} \tag{2.57}$$

② p-q 平面中的剪应变等值线（$c'=0$）应变特性见图 5.40。

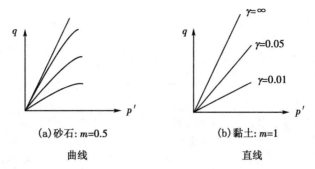

图 5.40　土体硬化 HS $p\text{-}q$ 平面中的剪应变等值线（$c'=0$）各向同性加载的应变特性

$$\gamma = \frac{3}{4}\frac{q_a}{E_{50}} \cdot \frac{q}{q_a - q} \qquad (5.58)$$

$$E_{50} = E_{50}^{\text{rsf}}\left(\frac{\sigma_3' + c'\cot\varphi_a'}{p_{\text{ref}} + c'\cot\varphi_a'}\right)^m \qquad (5.59)$$

$$q_a = (\sigma_3' + a)\frac{2\sin\varphi_a'}{1 - \sin\varphi_a'} \qquad (5.60)$$

③ Fuji 河沙实验数据（Ishihara，1975）应变特性见图 5.41。

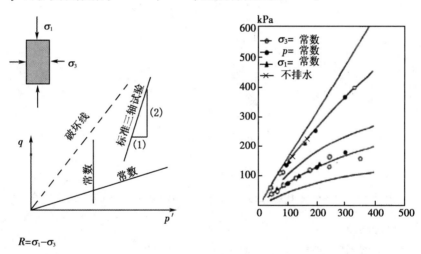

图 5.41　土体硬化 HS Fuji 河沙试验数据各向同性加载应变特性

④ 实测剪应变等值线和双曲线应变特性见图 5.42。

$$\gamma = \frac{3q_a}{4E_{50}}\frac{q}{q - q_a} \qquad (5.61)$$

$$E_{50} = E_{50}^{\text{ref}}\left(\frac{\sigma_3' + a}{p_{\text{ref}} + a}\right)^m \qquad (5.62)$$

$$q_a = (\sigma_3' + a)\frac{2\sin\varphi_a}{1 - \sin\varphi_a} \qquad (5.63)$$

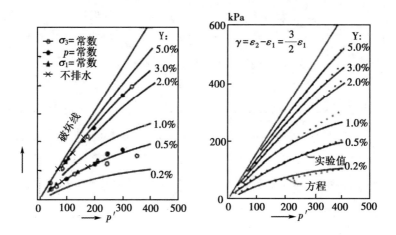

图 5.42　土体硬化 HS 实测剪应变等值线和双曲线各向同性加载应变特性

其中，$a = 0$，$\varphi_a = 38°$，$E_{50}^{ref} = 30$ MPa，$m = 0.5$。

⑤ 剪应变等值线与屈服轨迹 a 应变特征见图 5.43。

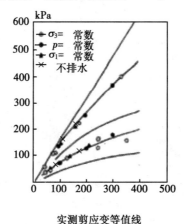

实测剪应变等值线

图 5.43　土体硬化 HS 剪应变等值线与屈服轨迹各向同性加载应变特性

（4）卸载与重加载

① 加载和卸载/重加载应变特性见图 5.44。

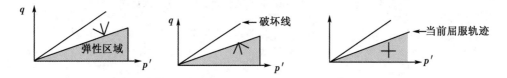

图 5.44　土体硬化 HS 加载和卸载/重加载各向同性应变特性

• 塑性状态加载：应力点在屈服轨迹上。应力增量指向弹性区外。这将导致塑性屈服，如：塑性应变与弹性区扩张，材料硬化。

• 塑性状态卸载：应力点在屈服轨迹上。应力增量指向弹性区内。这将导致弹性应变增量，应变增量与应力增量符合胡克定律，刚度为 E_{ur}。

• 弹性状态卸载/重加载：应力点位于弹性区域内，所有可能的应力增量都将产生弹性应变。

② 标准三轴试验卸载/重加载应变特性见图 5.45。

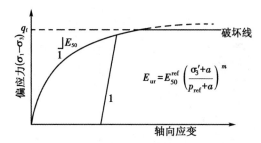

图 5.45　土体硬化 HS 标准三轴试验卸载/重加载各向同性应变特性

③ 砂土的卸载/重加载标准三轴试验应变特性见图 5.46。

④ 土体硬化 HS 胡克定律各向弹性各向同性应变特性见下式。

$$\left.\begin{aligned}
\Delta\varepsilon_1^c &= \frac{1}{E_{ur}}(\Delta\sigma'_1 - v_{ur}\cdot\Delta\sigma'_2 - v_{ur}\cdot\Delta\sigma'_3)\\
\Delta\varepsilon_2^c &= \frac{1}{E_{ur}}(-v_{ur}\cdot\Delta\sigma'_1 + \Delta\sigma'_2 - v_{ur}\cdot\Delta\sigma'_3)\\
\Delta\varepsilon_3^c &= \frac{1}{E_{ur}}(-v_{ur}\cdot\Delta\sigma'_1 - v_{ur}\cdot\Delta\sigma'_2 + \Delta\sigma'_3)
\end{aligned}\right\} \tag{5.64}$$

$$v_{ur} = \text{Poisson's ratio} \approx 0.2 \tag{5.65}$$

$$E_{ur} = E_{50}^{ref}\left(\frac{\sigma'_3 + a}{p_{ref} + a}\right)^m \tag{5.66}$$

$$a = c'\cot\varphi' \tag{5.67}$$

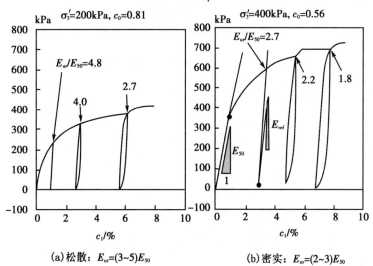

(a) 松散：$E_{ur} = (3\sim5)E_{50}$　　　**(b) 密实：$E_{ur} = (2\sim3)E_{50}$**

图 5.46　土体硬化 HS 砂土的卸载/重加载标准三轴试验各向同性应变特性

（5）密度硬化

① 三轴试验经典结果硬化特性见图 5.47。

临界孔隙率：松砂受剪切时体积变小，即孔隙比减小。密砂受剪切时发生剪胀现象，使孔隙比增大。在密砂与松砂之间，总有某个孔隙比使砂受剪切时体积不变即临界孔隙率。

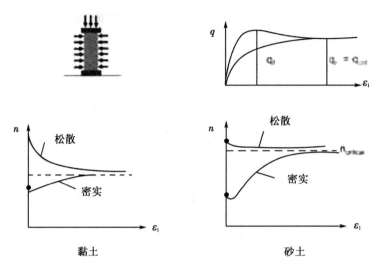

图 5.47　土体硬化 HS 三轴试验经典结果密度硬化特性

② NC 黏土实测体应变等值线见图 5.48。

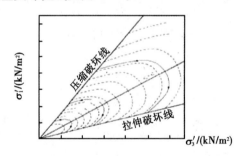

图 5.48　土体硬化 HS NC 黏土实测体应变等值线

③ 黏土的实测等值线见图 5.49。

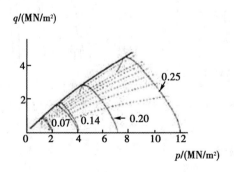

图 5.49　土体硬化 HS 黏土的实测等值线

④ 等值线类椭圆见图 5.50。

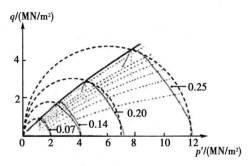

图 5.50　土体硬化 HS 等值线类椭圆

⑤ 密度硬化，体应变等值线椭圆中，椭圆用于修正剑桥模型，见图 5.51。

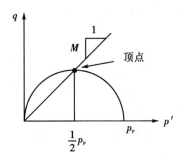

图 5.51　土体硬化 HS 体应变等值线椭圆

$$p' + \frac{q^2}{M^2 p'} = p_P \tag{5.68}$$

其中：$M = \dfrac{6\sin\varphi'}{3 - \sin\varphi'}$。

⑥ 松砂体应变等值线见图 5.52。

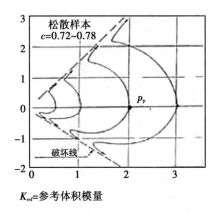

K_{ref}＝参考体积模量

图 5.52　土体硬化 HS 松砂体应变等值线

图中，K_{ref}＝参考体积模量。

一般情况 $m \neq 1$：

$$\varepsilon_{\text{ref}} = \frac{1}{1-m} \frac{p_{\text{ref}}}{k_{\text{ref}}} \left(\frac{p_{\text{p}}}{p_{\text{ref}}} \right)^{1-m} \tag{5.69}$$

特殊情况 $m = 1$：

$$\varepsilon_{\text{ref}} = \varepsilon'_{\text{ref}} + \frac{p_{\text{ref}}}{K_{\text{ref}}} \ln \frac{p_{\text{p}}}{P_{\text{ref}}} \tag{5.70}$$

椭圆：

$$p_{\text{p}} = p' + \frac{q^2}{M^2 p'} \tag{5.71}$$

（6）双硬化

① 体积硬化与剪切硬化。体积硬化在正常固结黏土和松砂土中占主导；剪切应变硬化在超固结黏土和密砂土占主导。如图5.53所示。

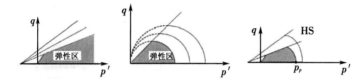

图5.53 土体硬化HS体积硬化与剪切硬化

② 四个刚度区域见图5.54。

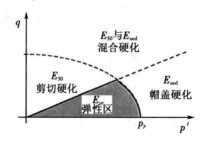

图5.54 土体硬化HS四个刚度区域

（7）土体硬化HS模型与小应变土体硬化HSS模型

① 三轴压缩试验中双曲线应力应变关系。遵循摩尔-库仑破坏准则的双曲线模型是HS和HSS模型的基础。相比邓肯-张模型，HS与HSS模型是弹塑性模型。见图5.55。

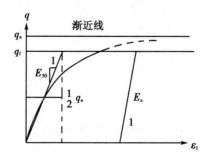

图5.55 三轴压缩试验中双曲线应力应变关系

三轴加载中邓肯-张或双曲线模型：

对于 $q<q_f'$：

$$\varepsilon_1=\varepsilon_{50}\frac{q}{q_a-q} \tag{5.72}$$

其中：

$$q_f=\frac{2\sin\varphi}{1-\sin\varphi}(\sigma_3'+c\cot\varphi)$$

$$q_a=\frac{q_f}{R_f}\geqslant q_f$$

R_f 为破坏比，默认为 0.9。

② 动摩擦中塑性应变（剪切硬化）见图 5.56。

屈服方程：

$$f'=\frac{q_a}{E_{50}}\frac{q}{q_a-q}-\frac{2q}{E_{ur}}-\gamma^{ps} \tag{5.73}$$

其中，γ^{ps} 是状态参数，它记录锥面的展开。γ^{ps} 的发展法则：$d\gamma^{ps}=d\lambda^s$ 其中 $d\lambda^s$ 是模型锥形屈服面的乘子。

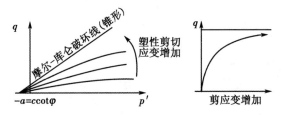

图 5.56 动摩擦中塑性应变（剪切硬化）

③ 主压缩中塑性应变（密度硬化）。见图 5.57。

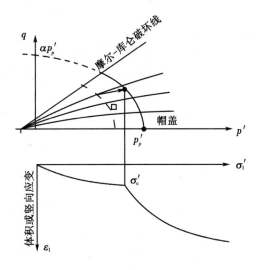

图 5.57 主压缩中塑性应变（密度硬化）

屈服方程：

$$f'=\frac{\bar{q}^2}{\alpha^2}-p^2-p_p^2 \tag{5.74}$$

其中：p_p 是状态参数，它记录帽盖的位移。

④ 幂关系的应力相关刚度见图 5.58。

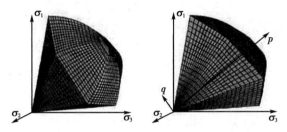

图 5.58　主应力空间下摩尔-库仑 MC 的锥面被帽盖封闭幂关系的应力相关刚度

主应力空间下摩尔-库仑的锥面被帽盖封闭。

因此：

$$\bar{q}=f(\sigma_1,\sigma_2,\delta_3,\varphi) \tag{5.75}$$

演化法则：

$$dP_p=\frac{K_s-K_c}{K_s-K_c}\left(\frac{\sigma_1+a}{p+a}\right)^m d\varepsilon_v^p \tag{5.76}$$

其中：$K_s=\dfrac{E_{ur}^{ref}}{3(1-2v)}$ 和帽盖 K_c 的全积刚度由 E_{oed} 和 K_0^{nc} 决定。

应力相关模量见图 5.59。

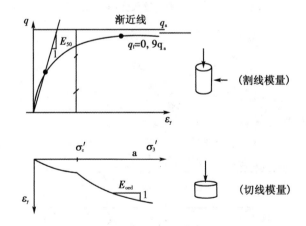

图 5.59　应力相关模量幂关系的应力相关刚度

⑤ 弹性卸载/重加载见图 5.60。

$$E_{ur}=\frac{E_{ur}}{3(1-2v_{ur})} \tag{5.77}$$

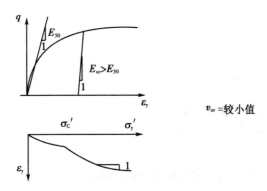

图 5.60　弹性卸载/重加载

$$G_{ur} = \frac{E_{ur}}{2(1+v_{ur})} \tag{5.78}$$

$$E_{ur} = \frac{E_{ur}(1-v_{ur})}{(1-2v_{ur})(1+v_{ur})} \tag{5.79}$$

⑥ 预固结应力的记忆见图 5.61。

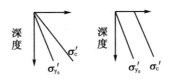

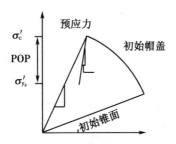

图 5.61　预固结应力的记忆

预固结通过与竖向应力相关的 OCR 和 POP 来输入,并转化为 p_p。

初始水平应力:

$$\sigma'_{10} = K'_0 \sigma'_c - (\sigma'_c - \sigma'_{y0}) \cdot \frac{v_{ur}}{1+v_{ur}} \tag{5.80}$$

默认: $K'_0 = 1-\sin\varphi$,如果达到 MC 屈服,则被修正。

输出的 OCR 是基于等效各向同性主应力。

⑦ 摩尔-库仑线下的剪胀见图 5.63。

剪胀方程:Rowe(1962)修正,输入的摩擦角决定摩尔-库仑强度。剪胀角改变应变;较高的剪胀角获得较大体积膨胀和较小的主方向屈服应变。

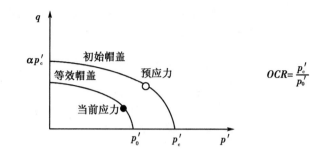

图 5.62　预固结应力中的 OCR

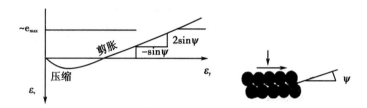

图 5.63　摩尔-库仑线下的剪胀

$$
\left.
\begin{aligned}
\sin\varphi_{cv} &= \frac{\sin\varphi' - \sin\psi}{1 - \sin\varphi'\sin\psi} \\[2mm]
\sin\varphi_{m} &= \frac{\sigma_1' - \sigma_3'}{\sigma_1' + \sigma_3' - 2c'\cot\varphi'} \\[2mm]
\sin\psi_{m} &= \frac{\sin\varphi_{m} - \sin\varphi_{cv}}{1 - \sin\varphi_{m}\sin\varphi_{cv}}
\end{aligned}
\right\}
\tag{2.81}
$$

从破坏线认识剪胀：

非关联流动：增加的剪胀角 ψ_{m} 从零（φ_{cv} 位置）到输入值 ψ_{input}（摩尔-库仑线）。Rowe 认为对于 $\sin\phi_{m} < 0.75\sin\phi$，剪胀角等于零，见图 5-64。

关联流动：压缩从零增加到摩尔-库仑位置的最大值仅仅帽盖移动，见图 5.65。

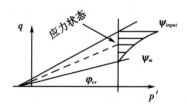

图 5.64　从破坏线认识非关联流动剪胀

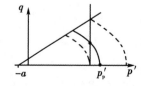

图 5.65　从破坏线认识关联流动剪胀

⑧ 小应变刚度。土体硬化 HS 中的压缩见图 5.66。

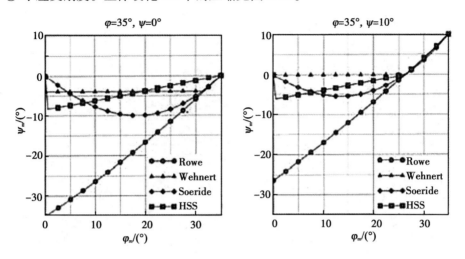

图 5.66 土体硬化 HS 中的压缩

土体硬化 HS 与小应变土体硬化 HSS 模型，当卸载-加载的幅值减小，滞回消失，因此，近乎真实的弹性响应仅在非常小的滞回环的情况发生。真正的弹性刚度叫作小应变刚度。如图 5.67 所示。

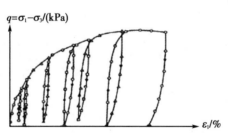

图 5.67 小应变刚度

小应变刚度或者 E_{ur} 和 E_0。土体硬化 HS 模型中定义屈服面内的刚度的卸载-加载 E_{ur} 是卸载重加载（大的）滞回环的割线模量，小应变（或小滞回）下 $E_0 = E_{ur}$。见图 5.68。

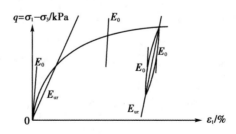

图 5.68 小应变刚度或者 E_{ur} 与 E_0

小应变刚度或者 G_{ur} 和 G_0。来自试验室的土体刚度一般给出割线剪切模量-剪切应变关系图。$G = G(\gamma)$ 是一个应用于荷载翻转后的剪切应变的函数。见图 5.69。

⑨ 小应变刚度的重要性。小应变刚度通过经典室内试验获得发现。因此，不考虑它

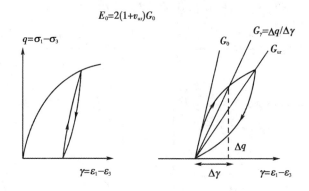

图 5.69　小应变刚度或者 G_{ur} 与 G_0

可能导致高估地基沉降和挡墙变形；低估挡墙后的沉降和隧道上方的沉降；桩或者锚杆表现的偏软等问题。由于边缘处的网格刚度更加大，分析结果对于边界条件不那么敏感，大网格不再导致额外的位移。小应变刚度与动力刚度：真实的弹性刚度首先在土体动力试验中获得的。明显动力情况的土体刚度比自然荷载下土体的刚度大很多。发现小应变下的刚度与动力实测测得结果差异很小。所以，有时将动力下的土体刚度作为小应变刚度是合理的。刚度衰减曲线特征见图 5.70。

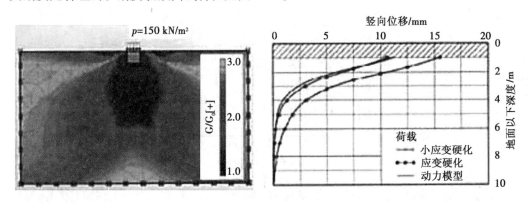

图 5.70　小应变刚度应用

小应变刚度的试验证明和数据见图 5.71。

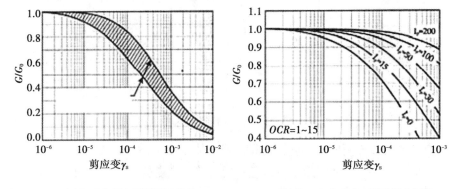

（a）Seed 和 Idris 刚度衰减曲线　　　　（b）Vucetic 和 Dobry 刚度衰减曲线

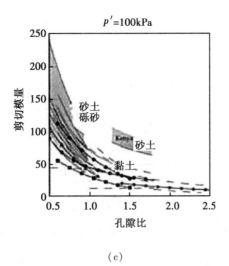

（c）

图 5.71　小应变刚度的试验证明和数据

经验公式：

$$E_0 = 2(1 + v_{ur}) G_0 \tag{5.82}$$

进一步的关系式为：

$$G_0 = G_0^{ref} \left(\frac{p'}{p_{ref}} \right)^m \tag{5.83}$$

其中 $G_0^{ref} = \text{function}(e) \cdot OCR'$

对于 $W_l < 50\%$，Biarez 和 Hicher 给出：

$$E_0 = E_0^{ref} = \sqrt{\frac{p'}{p_{ref}}} \tag{5.84}$$

其中 $E_0^{ref} = \dfrac{140}{e}$ MPa。

E_0 经验数据和经验关系，Alpan 假定 $E_{dynamic}/E_{static} = E_0/E_{ur}$，则可获得 E_0 与 E_{ur} 的关系，如图 5.72 所示。

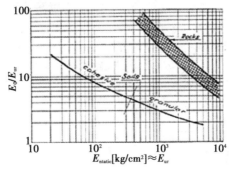

图 5.72　E_0 经验数据和经验关系

$\gamma_{0.7}$ 经验关系。基于实验数据的统计求值，Darandeli 提出双曲线刚度衰减模型关系，与小应变土体硬化 HSS 模型相似。关系给出不同的塑性指标。

基于 Darandeli 的成果，$\gamma_{0.7}$ 可计算为：

$$IP=0： \qquad \gamma_{0.7}=0.00015\sqrt{\frac{p'}{p_{\mathrm{ref}}}} \qquad (5.85)$$

$$IP=30： \qquad \gamma_{0.7}=0.00026\sqrt{\frac{p'}{p_{\mathrm{ref}}}} \qquad (5.86)$$

$$IP=100： \qquad \gamma_{0.7}=0.00055\sqrt{\frac{p'}{p_{\mathrm{ref}}}} \qquad (5.87)$$

$\gamma_{0.7}$ 的应力相关性在小应变土体硬化 HSS 模型中并没有实现。如果需要，可以通过建立子类组归并到边界值问题。可参考 Darendeli 和 Menhmet(2001) 的相关论述。

(8)一维状态的小应变土体硬化 HSS 模型

Hardin 和 Drnevich 的一维模型见图 5.73。

Hardin 和 Drnevich 模型：

$$\frac{G}{G_0}=\frac{1}{1+\dfrac{\gamma}{\gamma_1}} \qquad (5.88)$$

HSS 模型修正：

$$\frac{G}{G_0}=\frac{1}{1+\dfrac{3\gamma}{7\gamma_{2,3}}} \qquad (5.89)$$

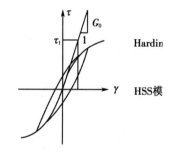

图 5.73　一维状态的小应变土体硬化 HSS 模型

刚度退化。左边：切线模量衰减→参数输入。右边：割线模量衰减→刚度退化截断。如果小应变土体硬化 HSS 中的小应变刚度关系预计到小于 Gurref 的割线刚度，模型的弹性刚度设置为定值，随后硬化的塑性说明刚度进一步衰减。如图 5.74 所示。

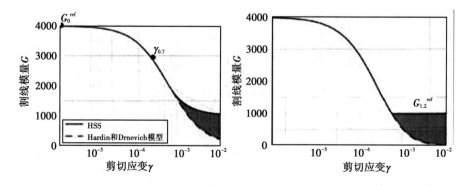

图 5.74　刚度退化

（9）小应变土体硬化 HSS 与土体硬化 HS 模型的不同

三轴试验中的模型性能。试验参数：$E_{ur}^{ref} = 90MPa$，$E_0^{ref} = 270MPa$，$m = 0.55$，$\gamma_{0.7} = 2 \times 10^{-4}$。土体硬化 HS 模型与小应变土体硬化 HSS 模型的应力-应变曲线几乎相同（见图 5.75）。

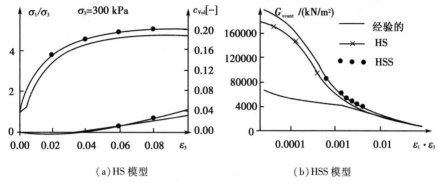

（a）HS 模型　　　　　　　　　　（b）HSS 模型

图 5.75　小应变土体硬化 HSS 模型-刚度退化

然而，注意曲线第一部分，两个模型是不一样的。

案例 A。Limburg 开挖基坑槽地面沉降见图 5.76。对比分析：摩尔-库仑模型 $E = E_{50}$；摩尔-库仑模型 $E = E_{ur}$；土体硬化 HS 模型 $E_{oed} = E_{50}$。

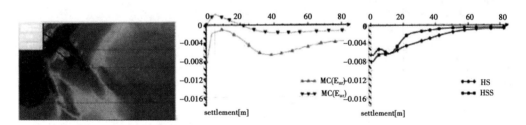

图 5.76　Limburg 开挖基坑槽地面沉降

Limburg 开挖墙体水平位移如图 5.77 所示。

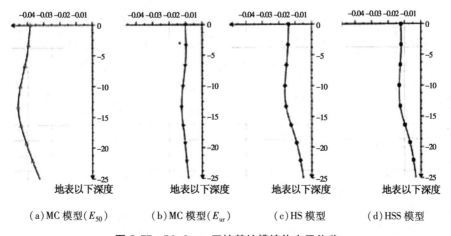

（a）MC 模型（E_{50}）　　（b）MC 模型（E_{ur}）　　（c）HS 模型　　（d）HSS 模型

图 5.77　Limburg 开挖基坑槽墙体水平位移

Limburg 开挖基坑弯矩如图 5.78 所示。

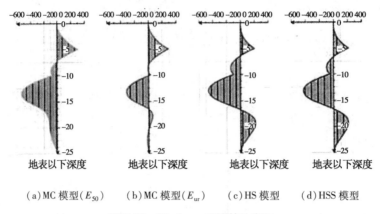

(a)MC 模型(E_{50})　(b)MC 模型(E_{ur})　(c)HS 模型　(d)HSS 模型

图 5.78　Limburg 开挖基坑弯矩

案例 B。隧道案例。如图 5.79 所示。

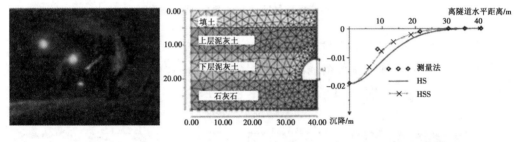

图 5.79　隧道开挖支护

5.7　胡克–布朗模型(岩石行为)

岩石一般比较硬,强度较大,从这个角度来看,岩石的材料行为与土有很大差别。岩石的刚度几乎与应力水平无关,因此可将岩石的刚度看作常数。另外,应力水平对岩石的(剪切)强度影响很大,因此可将节理岩石看作一种摩擦材料。第一种方法可以通过莫尔–库仑破坏准则模拟岩石的剪切强度。但是考虑到岩石所经受的应力水平范围可能很大,由摩尔–库仑模型所得到的线性应力相关性通常是不适合的。胡克–布朗破坏准则是一种非线性强度近似准则,在其连续性方程中不仅包含剪切强度,也包括拉伸强度。与胡克定律所表述的线弹性行为联合,得到胡克–布朗模型。胡克–布朗模型模拟各向同性岩石类型的材料行为。模型包括材料强度的分解(Benz 等,2007)。

5.7.1　胡克–布朗模型公式

胡克–布朗破坏准则可用最大主应力和最小主应力的关系式来表述(采用有效应力,

拉应力为正，压应力为负）：

$$\sigma_1' = \sigma_3' - \left(m_b \frac{-\sigma_3'}{\sigma_{ci}} + s \right)^a \tag{5.90}$$

式中：m_b——对完整岩石参数 m_i 折减，依赖于地质强度指数（GSI）和扰动因子（D）参数：

$$m_b = m_i \exp\left(\frac{GSI-100}{28-14D} \right) \tag{5.91}$$

s，a——岩块的辅助材料参数，可表述为：

$$s = \exp\left(\frac{GSI-100}{9-3D} \right) \tag{5.92}$$

$$a = \frac{1}{2} + \frac{1}{6} \left[\exp\left(-\frac{GSI}{15} \right) - \exp\left(-\frac{20}{3} \right) \right] \tag{5.93}$$

σ_{ci}——完整岩石材料的单轴抗压强度（定义为正值）。根据该值可得出特定岩石单轴抗压强度 σ_c 为：

$$\sigma_c = \sigma_{ci} s^a \tag{5.94}$$

特定岩石抗拉强度 σ_t：

$$\sigma_t = \frac{s \sigma_{ci}}{m_b} \tag{5.95}$$

胡克-布朗破坏准则描述如图 5.80 所示。

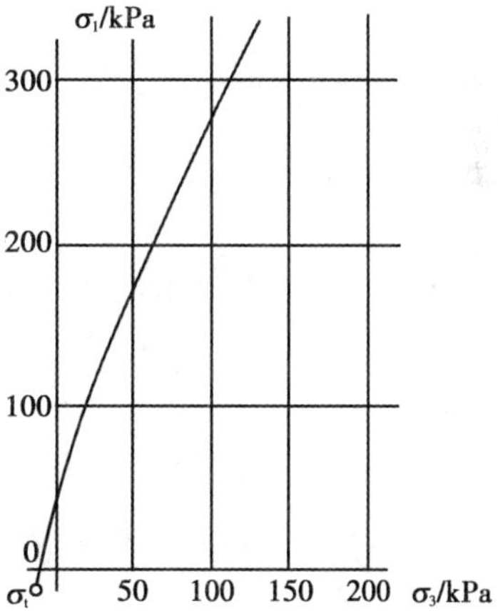

在塑性理论中，胡克-布朗破坏准则重新写为下述破坏函数：

$$f_{HB} = \sigma_1' - \sigma_3' + \bar{f}(\sigma_3') \tag{5.96}$$

其中 $\bar{f}(\sigma_3') = \sigma_{ci} \left(m_b \dfrac{\sigma_3'}{\sigma_{ci}} + s \right)^a$。

图 5.80　胡克-布朗破坏准则

对于一般三维应力状态，处理屈服角需要更多的屈服函数，这点与摩尔-库仑准则相似。定义压为负，且考虑主应力顺序 $\sigma_1' \leqslant \sigma_2' \leqslant \sigma_3'$，准则可用两个屈服函数来描述：

$$f_{HB,13} = \sigma_1' - \sigma_3' + \bar{f}(\sigma_3') \tag{2.97}$$

其中 $\bar{f}(\sigma_3') = \sigma_{ci} \left(m_b \dfrac{\sigma_3'}{\sigma_{ci}} + s \right)^a$。

$$f_{HB,12} = \sigma_1' - \sigma_2' + \bar{f}(\sigma_2') \tag{2.98}$$

其中 $\bar{f}(\sigma_2') = \sigma_{ci} \left(m_b \dfrac{\sigma_2'}{\sigma_{ci}} + s \right)^a$。

主应力空间中的胡克-布朗破坏面（$f_i = 0$）如图 5.81 所示。

除了上述两个屈服函数以外，胡克-布朗准则中定义了两个相关塑性势函数：

$$g_{HB,13} = S_i - \left(\frac{1+\sin\psi_{mob}}{1-\sin\psi_{mob}} \right) s_3 \tag{5.99}$$

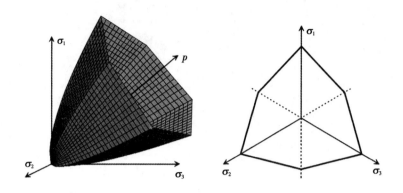

图 5.81　主应力空间中的胡克-布朗破坏面

$$g_{HB,12} = S_i - \left(\frac{1+\sin\psi_{mob}}{1-\sin\psi_{mob}}\right)s_2 \qquad (5.100)$$

其中：S_i——转换应力，定义为：

$$S_i = -\frac{\sigma_1}{m_b\sigma_{ci}} + \frac{s}{m_b^2} \quad (i=1, 2, 3) \qquad (5.101)$$

ψ_{mob}——动剪胀角，当 σ_3' 由其输入值（$\sigma_3'=0$）降低为 $0(-\sigma_3'=\sigma_\psi)$ 时，动剪胀角随之变化：

$$\psi_{mob} = \frac{\sigma_\psi + \sigma_3'}{\sigma_\psi}\psi \geqslant 0 \quad (0 \geqslant -\sigma_3' \geqslant \sigma_\psi) \qquad (5.102)$$

此外，为了允许受拉区域中的塑性膨胀，人为给定了递增的动剪胀角：

$$\psi_{mob} = \psi + \frac{\sigma_3'}{\sigma_t}(90° - \psi) \quad (\sigma_t \geqslant -\sigma_3' \geqslant 0)$$
$$(5.103)$$

动剪胀角随 σ_3' 的变化如图 5.82 所示。

关于胡克-布朗模型的弹性行为，即各向同

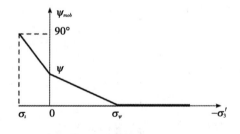

图 5.82　动剪胀角的变化

性线弹性行为胡克定律。模型的参数包括弹性模量 E（代表节理岩体破坏前的原位刚度），泊松比 υ（描述侧向应变）。

5.7.2　胡克-布朗与摩尔-库仑之间的转换

对比胡克-布朗破坏准则和摩尔-库仑破坏准则在应用中的情况，需要特殊的应力范围，该范围内在指定围压下达到平衡（考虑拉为正，压为负）。

$$-\sigma_t \geqslant -\sigma_3' \geqslant -\sigma_{3,max}' \qquad (5.104)$$

此时，摩尔-库仑有效强度参数 c'、φ' 之间存在下述关系（Carranza-Torres，2004）：

$$\sin\varphi' = \frac{6am_b(s+m_b\sigma'_{3n})^{a-1}}{2(1+a)(2+a)+6am_b(s+m_b\sigma'_{3n})^{a-1}} \tag{5.105}$$

$$c' = \frac{\sigma_{ci}[(1+2a)s+(1-a)m_b\sigma'_{3n}](s+m_b\sigma'_{3n})^{a-1}}{(1+a)(2+a)\sqrt{1+\dfrac{6am_b(s+m_b\sigma'_{3n})^{a-1}}{(1+a)(2+a)}}} \tag{5.106}$$

其中，$\sigma'_{3n}=\sigma'_{3,\max}/\sigma_{ci}$。围压的上限值 $\sigma'_{3,\max}$ 取决于实际情况。

5.7.3　胡克-布朗模型中的参数

胡克-布朗模型中一共有 8 个参数。参数及其标准单位如表 5.3 所示。

表 5.3　胡克-布朗模型参数

符号	名称	单位
E	弹性模量	kN/m^2
ν	泊松比	—
σ_{ci}	完整岩石的单轴抗压强度（大于 0）	kN/m^2
m_i	完整岩石参数	—
GSI	地质强度指数	—
D	扰动因子	—
ψ	剪胀角（$\sigma'_3=0$ 时）	（°）
σ_ψ	$\psi=0°$ 时围压 σ'_3 的绝对值	kN/m^2

（1）弹性模量（E）

对于岩石层，弹性模量 E 视为常数。在胡克-布朗模型中该模量可通过岩石质量参数来估计（Hoek，Carranza-Torres 和 Corkum，2002）：

$$E = \left(1-\frac{D}{2}\right)\sqrt{\frac{\sigma_{ci}}{p^{\mathrm{ref}}}} \cdot 10^{\frac{GSI-10}{40}} \tag{5.107}$$

其中，$p^{\mathrm{ref}}=10^5\mathrm{kPa}$，并假定平方根的最大值为 1。

弹性模量单位为 kN/m^2（$1\ kN/m^2 = 1\ kPa = 10^{-6}GPa$），即由上述公式所得到的数值应该乘以 10^6。弹性模量的精确值可通过岩石的单轴抗压试验或直剪试验得到。

（2）泊松比（ν）

泊松比 ν 的范围一般为 $[0.1,0.4]$。不同岩石类别泊松比典型数值如图 5.83 所示。

（3）完整岩石单轴抗压强度（σ_{ci}）

完整岩石的单轴抗压强度 σ_{ci} 可通过试验（如单轴压缩）获得。室内试验试样一般为完整岩石，因此其 $GSI=100$，$D=0$。典型数据如表 5.4 所示（Hoek，1999）。

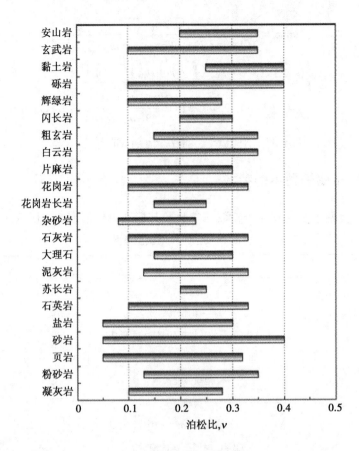

图 5.83　典型泊松比数值

表 5.4　完整单轴抗压强度

级别	分类	单轴抗压强度/MPa	强度的现场评价	示例
R6	极坚硬	>250	岩样用地质锤可敲动	新鲜玄武岩、角岩、辉绿岩、片麻岩、花岗岩、石英岩
R5	非常坚硬	100~250	需多次敲击岩样方可击裂岩样	闪岩、砂岩、玄武岩、辉长岩、片麻岩、花岗闪长岩、石灰岩、大理石、流纹岩、凝灰岩
R4	坚硬	50~100	需敲击1次以上方可击裂岩样	石灰岩、大理石、千枚岩、砂岩、片岩、页岩
R3	中等坚硬	25~50	用小刀刮不动，用地质锤一击即可击裂	黏土岩、煤块、混凝土、片岩、页岩、粉砂岩
R2	软弱	5~25	用小刀刮比较困难，地质锤点击可看到轻微凹陷	白垩、盐岩、明矾
R1	非常软弱	1~5	地质锤稳固点击时可弄碎岩样，小刀可削得动	强风化或风化岩石
R0	极其软弱	0.25~1	手指可按出凹痕	硬质断层黏土

（4）完整岩石参数（m_i）

完整岩石参数为经验模型参数，依赖于岩石类型。典型数值如表 5.5 所示。

表 5.5 完整岩石参数

岩石类型	等级	岩组	岩石结构			
			粗粒	中粒	细粒	极细粒
沉积岩		碎屑岩类	砾岩① 角砾岩①	砂岩(17±4)	粉砂岩(7±2) 杂砂岩(18±3)	黏土岩(4±2) 页岩(6±2) 泥灰岩(7±2)
沉积岩	碎屑岩	碳酸盐类	粗晶石灰岩(17±3)	亮晶石灰岩(10±2)	微晶石灰岩(9±2)	白云岩(9±3)
沉积岩	碎屑岩	蒸发岩类		石膏 8±2	硬石膏 12±2	
沉积岩	碎屑岩	有机质类				白垩(7±2)
变质岩		无片状构造	大理岩(9±3)	角页岩(19±4)	石英岩(20±3)	
变质岩		微状构造	混合岩(29±3)	变质砂岩(19±3)	片麻岩(28±5)	
变质岩		片状构造②		片岩(12±3)	千枚岩(7±3)	板岩(7±4)
火成岩	深成岩	浅色	花岗岩(32±3) 花岗闪长岩(29±3)	闪长岩(25±5)		
火成岩	深成岩	黑色	辉长岩(27±3)	粗粒玄武岩(16±5) 长岩(20±5)		橄榄岩(25±5)
火成岩	浅成岩		斑岩(20±5)		辉绿岩(15±5)	
火成岩	喷出岩	熔岩		流纹岩(25±5) 安山岩 25±5	石英安山岩(25±3) 玄武岩(25±5)	
火成岩	喷出岩	火山碎屑岩	集块岩(19±3)	角砾岩(19±5)	凝灰岩(13±5)	

（5）地质强度指数（*GSI*）

GSI 可以基于图5.84的描绘来选取。

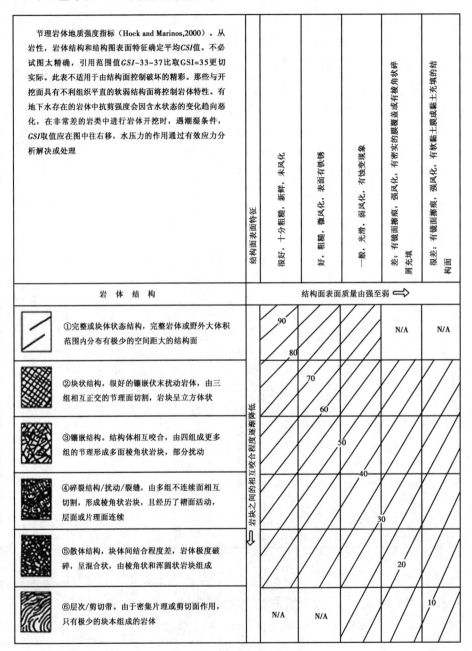

图5.84　地质强度指数的选取

（6）扰动因子（*D*）

扰动因子依赖于力学过程中对岩石的扰动程度，这些力学过程可能为发生在开挖、隧道或矿山活动中的爆破、隧道钻挖、机械设备的动力或人工开挖。没有扰动，则 *D*=0，剧烈扰动则 *D*=1。更多信息可参见 Hoek（2006）相关文献。

（7）剪胀角（ψ）和围巾（σ_ψ）

当围压相对较低且经受剪切时，岩石可能表现出剪胀材料特性。围压较大时，剪胀受抑制。

这种行为通过下述方法来模拟：当 $\sigma'_3 = 0$ 时给定某个 ψ 值，ψ 值随围压增大而线性衰减；当 $\sigma'_3 = \sigma_\psi$ 时，ψ 值减小为 0。其中 σ_ψ 为输入值。

5.7.4　胡克-布朗模型在动力计算中的应用

在动力计算中使用胡克-布朗模型时，需要选择刚度，以便模型正确预测岩石中的波速。当经受动力或循环荷载时，胡克-布朗模型一般只表现出弹性行为，没有（迟滞）阻尼效应，也没有应变或孔压或液化的累积。为了模拟岩石的阻尼特性，需要定义瑞利阻尼。

5.8　界面/弱面与软土/软弱夹层的本构模型

5.8.1　界面/弱面本构模型

界面单元通常用双线性的摩尔-库仑模型模拟。当在相应的材料数据库中选用高级模型时，界面单元仅选择那些与摩尔-库仑模型相关的数据（c，ϕ，ψ，E，v）。在这种情况下，界面刚度值取的就是土的弹性刚度值。因此，$E = E_{ur}$，其中 E_{ur} 是应力水平相关的，即 E_{ur} 与 σ_m 成幂指数比例关系。对于软土模型、软土蠕变模型和修正剑桥黏土模型，幂指数 m 等于 1，并且 E_{ur} 在很大程度上由膨胀指数 K^* 确定。

5.8.2　软土/软弱夹层的本构模型

一般情况下，考虑的软土是指接近正常固结的黏土、粉质黏土、泥炭和软弱夹层。黏土、粉质黏土、泥炭这些材料的特性在于它们的高压缩性，黏土、粉质黏土、泥炭和软弱夹层又具有典型的流变特性。Janbu 在固结仪实验中发现，正常固结的黏土比正常固结的砂土软 10 倍，这说明软土极度的可压缩性。软土的另外一个特征是土体刚度的线性应力相关性。根据 HS 模型得到：

$$E_{oed} = E_{oed}^{ref} (\sigma / p_{ref})^m \tag{5.108}$$

这至少对 $c = 0$ 是成立的。当 $m = 1$ 可以得到一个线性关系。实际上，当指数等于 1 时，上面的刚度退化公式为：

$$E_{oed} = \sigma / \lambda^*$$
$$\lambda^* = p_{ref} / E_{oed}^{ref} \tag{5.109}$$

在 $m=1$ 的特殊情况下，软土硬化模型公式积分可以得到主固结仪加载下著名的对数压缩法则：

$$\left.\begin{array}{l} \dot{\varepsilon}=\lambda^{*}\,\dot{\sigma}/\sigma \\ \varepsilon=\lambda^{*}\ln\sigma \end{array}\right\} \tag{5.110}$$

在许多实际的软土研究中，修正的压缩指数 λ^{*} 是已知的，可以从下列关系式中算得固结仪模量：

$$E_{\mathrm{oed}}^{\mathrm{ref}}=p_{\mathrm{ref}}/\lambda^{*} \tag{5.111}$$

5.9　有限元强度折减、极限平衡法与地震响应分析方法

目前，稳定性分析计算是将其视为复杂边坡来处理，仍沿用土力学的传统理论进行分析。边坡稳定分析方法种类繁多，各种分析方法都有各自的特点及适用范围，而得到广泛认可的有极限平衡条分法、有限元法（有限元强度折减法和有限元极限平衡法）等确定性方法。

5.9.1　边坡稳定性分析方法

① 极限平衡条分法将滑坡体视为刚体，不考虑土体的应力-应变关系，在计算边坡安全系数时需事先假定滑动面的位置和形状，然后，通过试算找到最小安全系数和最危险滑动面，给计算精度和效率带来了一定影响。极限平衡条分法根据满足平衡条件的不同可分为非严格条分法和严格条分法。

② 有限元法作为一种广泛应用的数值计算方法，它可以全面满足静力许可、应变相容和应力-应变之间的本构关系，还可以对复杂地貌、地质的边坡进行模拟。

有限元强度折减法作为有限元法的一种，在理论体系上比极限平衡条分法更为严格，无须假定滑动面的形状和位置，但需反复折减试算。对于非均质边坡，不同土层采用同一折减系数是否合理，带有结构物的边坡是否折减结构物的强度等问题有待进一步研究。

有限元极限平衡法理论体系严密，无须反复折减，计算效率高，这对于指导施工设计是非常重要的。

5.9.2　有限元强度折减法

有限元强度折减法（finite element strength reduction method）是指在外荷载保持不变的情况下，边坡内岩土体所发挥的最大抗剪强度与外荷载在边坡内所产生的实际剪应力之比。这里定义的抗剪强度折减系数，与极限平衡分析中所定义的土坡稳定安全系数本质上是一致的。所谓抗剪强度折减系数，就是将岩土体的抗剪强度指标 c 和 ϕ 用一个折减

系数 F_s 进行折减，然后用折减后的虚拟抗剪强度指标 c_F 和 ϕ_F，取代原来的抗剪强度指标 c 和 ϕ，如下式所示。

$$\left.\begin{array}{l} c_F = c/F_s \\ \phi_F = \arctan(\tan\phi/F_s) \end{array}\right\} \tag{5.112}$$

$$\tau_{fF} = c_F + \sigma\tan\phi_F \tag{5.113}$$

式中：c_F——折减后岩土体虚拟的黏聚力；

$\quad\phi_F$——折减后岩土体虚拟的内摩擦角；

$\quad\tau_{fF}$——折减后的抗剪强度。

折减系数 F_s 的初始值取得足够小，以保证开始时是一个近乎弹性的问题。然后不断增加 F_s 的值，折减后的抗剪强度指标逐步减小，直到某一个折减抗剪强度下整个边坡发生失稳，那么在发生整体失稳之前的那个折减系数值，即岩土体的实际抗剪强度指标与发生虚拟破坏时折减强度指标的比值，就是这个边坡的稳定安全系数。

基于有限元数值模拟理论，针对排土场特征边坡开展强度折减计算时，混合排弃土、基岩等岩土体均采用下式所示的摩尔-库仑模型屈服准则：

$$f_s = \sigma_1 - \sigma_3\frac{1+\sin\phi}{1-\sin\phi} - 2c\sqrt{\frac{1+\sin\phi}{1-\sin\phi}} \tag{5.114}$$

式中：σ_1，σ_3——最大和最小主应力；

$\quad c$——黏聚力。

$\quad\phi$——内摩擦角。

当 $f_s > 0$ 时，材料将发生剪切破坏。在通常应力状态下，岩体的抗拉强度很低。因此，可根据抗拉强度准则（$\sigma_3 \geq \sigma_T$）判断岩体是否产生张拉破坏。强度折减计算时，不考虑地震及爆破振动效应的影响，对边坡稳定性只进行静力分析。

考虑稳态渗流时，将渗流力作为初始应力施加于土体上，对强度参数不断折减，以有限元数值计算是否收敛作为失稳破坏标准。

5.9.3　有限元极限平衡法

通过有限元计算输出模型区域内的真实应力场分布，采用插值方法得到已给定滑动面上的应力值，按照所采用的安全系数的定义计算沿滑动面的安全系数，用优化方法寻找最小安全系数及相应的滑动面，物理意义明确，滑动面上的应力更加真实符合实际，可以得到确定的最危险滑动面，易于推广和工程应用。

（1）安全系数定义

在平面应变问题中，土体中任意一点的土体抗剪强度可依据摩尔-库仑强度准则确定，其抗剪强度为

$$\left.\begin{array}{l} \tau_1 = \sigma_n \tan\phi + c \\[2mm] F_s = \dfrac{\displaystyle\int_l (\sigma_n \tan\phi + c)\,\mathrm{d}l}{\displaystyle\int_l \tau\,\mathrm{d}l} \end{array}\right\} \tag{5.115}$$

式中：σ_n——法向应力；

　　c——土体的黏聚力；

　　ϕ——土体的内摩擦角；

　　F_s——滑动面安全系数，定义为沿滑动面土体抗剪强度与实际剪应力的比值。

（2）最危险滑动面搜索

土工结构滑动稳定性分析问题可以看成带有约束条件的广义数学规划问题，可简单描述为：将安全系数定为目标函数，约束条件是曲线在一定区域内，在已知的应力场内搜寻曲线使其安全系数达到最小。为求解方便，将应力场拓广到整个平面，可以消除约束条件。用 Geo-slope SIGMA/W、SLOPE/W，对于每一个积分点，在确定它在有限元应力计算的网格中所属单元的基础上，插值得到其应力，引入高斯积分法，按照式(5.115)计算 F_s 值，采用 Hooke-Jeeves 模式搜索法即可求出最危险滑动面及相应的安全系数。

（3）有限元极限平衡法实现

采用 Geo-slope SIGMA/W，基于非关联流动法则，选择理想弹塑性本构模型和摩尔-库仑屈服准则进行数值模拟，选用 4 节点平面应变单元，得到整体的应力场分布，用线性插值方法确定给定滑动面上各控制节点的应力值，依据式(5.115)定义安全系数计算最危险滑动面的抗滑安全系数，采用广义数学规划法中的模式搜索法，即 Hooke-Jeeves 法优化搜索最危险滑动面的位置及其对应的最小安全系数。

5.9.4　非饱和渗流-固体耦合原理与方法

基于岩土体饱和-非饱和渗流运动微分方程推导，运用有限元法得到渗流-应力的耦合方程，以岩土介质饱和-非饱和渗流理论为依据，建立非饱和渗流-固体耦合原理与方法。

（1）渗流场基本方程

在非稳态渗流场下，多孔介质中地下水运动的微分方程可依据达西定律和质量守恒定律来推导，即根据渗流场中水在某一单元体内的积累速率等于该单元体水量随时间变化的速率。若取一微单元体，其体积为 $\mathrm{d}x\mathrm{d}y\mathrm{d}z$。设介质在 x，y，z 的 3 个方向的渗透速率分别为 v_x，v_y，v_z，则通过 3 个方向流进的水体质量分别为 $\rho v_x \mathrm{d}y\mathrm{d}z$、$\rho v_y \mathrm{d}x\mathrm{d}z$、$\rho v_z \mathrm{d}y\mathrm{d}x$，通过 3 个方向流出的水体质量分别为：

$$\left[\rho v_x + \frac{\partial(\rho v_x)}{\partial x}\right]\mathrm{d}y\mathrm{d}z,\quad \left[\rho v_y + \frac{\partial(\rho v_y)}{\partial y}\right]\mathrm{d}x\mathrm{d}z,\quad \left[\rho v_z + \frac{\partial(\rho v_z)}{\partial z}\right]\mathrm{d}y\mathrm{d}x \tag{5.116}$$

可得到单位时间内流入和流出单元体水量的变化量为：

$$\Delta Q = -\left[\frac{\partial(\rho v_x)}{\partial x} + \frac{\partial(\rho v_y)}{\partial y} + \frac{\partial(\rho v_z)}{\partial z}\right]\mathrm{d}x\mathrm{d}y\mathrm{d}z \tag{5.117}$$

相应的体积水质量 Θ 为 $n\rho\mathrm{d}x\mathrm{d}y\mathrm{d}z$，$\Theta$ 随时间的变化率为：

$$\frac{\partial\Theta}{\partial t} = \frac{\partial(n\rho\mathrm{d}x\mathrm{d}y\mathrm{d}z)}{\partial t} \tag{5.118}$$

根据达西定律和质量守恒定律，由式(5.117)和式(5.118)可得到不考虑水的密度变化时的多孔介质渗流基本微分方程为：

$$\frac{\partial}{\partial x}\left(k_x,\frac{\partial H}{\partial x}\right) + \frac{\partial}{\partial y}\left(k_y,\frac{\partial H}{\partial y}\right) + \frac{\partial}{\partial z}\left(k_z\frac{\partial H}{\partial z}\right) + Q = \frac{\partial n}{\partial t} \tag{5.119}$$

式中：k_x，k_y，k_z——x，y，z 方向的渗透系数，m/s；

$\quad\quad Q$——源汇项，m^3/s。

对于非饱和土，渗透系数取：

$$k_{mn} = k_r(\theta)k_{ij} \quad (0 \leqslant k_\tau \leqslant 1) \tag{5.120}$$

式中：k_{ij}——饱和土渗透系数；

$\quad k_r$——非饱和渗透系数相对应饱和渗透系数的比值。

由于介质体应变：

$$\left.\begin{array}{l} \varepsilon_v = \dfrac{\Delta V}{V} = \dfrac{\Delta V_s + \Delta V_v}{V} \\[3mm] \dfrac{\partial V_s}{\partial t} = 0 \\[3mm] \dfrac{\mathrm{d}\varepsilon_v}{\mathrm{d}t} = \dfrac{\partial n}{\partial t} \end{array}\right\} \tag{5.121}$$

假设土体颗粒是不可压缩的，则有介质体应变的变化率就是孔隙率的变化率。

(2)渗流力学行为及有限元方程建立

在一定的水头差作用下，水会在土骨架之间的孔隙中发生流动，对土粒骨架形成渗透力。这种渗透体积力与土骨架对水的渗流所产生的阻力构成一对作用力与反作用力。渗流水头为：

$$H = Z' + \frac{P}{\gamma_w} \tag{5.122}$$

式中：Z'——位置水头；

$\quad \gamma_w$——水的重度；

$\quad P$——渗透体积力。

渗流体积力与水力梯度成正比，则各方向的渗流体积力为：

$$\boldsymbol{P} = \begin{Bmatrix} P_x \\ P_y \\ P_z \end{Bmatrix} = \gamma_w \begin{Bmatrix} \dfrac{\partial H}{\partial x} \\ \dfrac{\partial H}{\partial y} \\ \dfrac{\partial H}{\partial z} + f \end{Bmatrix} \tag{5.123}$$

式中：P_x，P_y，P_z——x，y，z 方向的渗透体积力；

　　　　f——浮力。

　　将渗透力转化为单元节点力，则有：

$$\boldsymbol{P}^e = \iiint \boldsymbol{N}^{\mathrm{T}} \boldsymbol{P} \mid J \mid \mathrm{d}\xi\mathrm{d}\eta\mathrm{d}\zeta \tag{5.124}$$

式中：$\mid J \mid$——Jaccobin 行列式；

　　ξ，η，ζ——局部坐标系；

　　$[\boldsymbol{N}]$——单元节点形函数矩阵。

　　在饱和-非饱和岩土体中，总应力和有效应力之间的关系，根据有效应力原理为：

$$\boldsymbol{\sigma} = \boldsymbol{\sigma}' + \boldsymbol{M}p \tag{5.125}$$

式中：$\boldsymbol{M}$——法向应力中单位列阵；

　　　p——孔隙水压力。

　　根据虚功原理，应力的增量型平衡方程可写为：

$$\int_{\Omega} \delta\boldsymbol{\varepsilon}^{\mathrm{T}}\mathrm{d}\boldsymbol{\sigma}\mathrm{d}\Omega - \int_{\Omega} \delta\boldsymbol{u}^{\mathrm{T}}\mathrm{d}b\mathrm{d}\Omega - \int_{\Gamma} \delta\boldsymbol{u}^{\mathrm{T}}\mathrm{d}l\mathrm{d}\Gamma = 0 \tag{5.126}$$

式中：$\mathrm{d}\boldsymbol{\sigma}$——总应力增量；

　　$\mathrm{d}b$，$\mathrm{S}\mathrm{d}l$——体积力和面力增量；

　　$\delta\varepsilon$，δu——虚应变和虚位移。

　　联立土体中渗流作用力方程和应力方程，通过有限单元法可得到如下渗流-应力的耦合方程：

$$\left. \begin{aligned} \boldsymbol{K}\boldsymbol{\delta} &= \boldsymbol{F} + \boldsymbol{P}^e \\ \boldsymbol{K}_s \boldsymbol{H} &= \boldsymbol{F}' \\ k_{ij} &= k(\sigma_{ij}) \end{aligned} \right\} \tag{5.127}$$

式中：$\boldsymbol{K}$——单元刚度矩阵；

　　　$\boldsymbol{F}$——节点荷载；

　　　$\boldsymbol{P}^e$——上述渗透体积力引起的节点荷载；

　　　$\boldsymbol{\delta}$——节点位移；

　　　$\boldsymbol{F}'$——渗流自由项系数；

　　　$\boldsymbol{K}_s$——整体渗透矩阵。

（3）饱和-非饱和土渗流-固体耦合原理

由以上分析可见,岩土体中因水相的渗透流动会产生相应的渗流体积力。通过有效应力原理可知,其节点总应力将随之改变。由此,以不同的本构理论可反算出岩土体体积应变率。土体的渗流场是一组与介质渗透系数 k_{ij} 密切相关的函数。根据饱和-非饱和土理论可知,k_{ij} 受到基质吸力、孔隙率温度、体积含水率等多种因素的影响。可见,渗流与应力-应变行为是一个相互影响的复杂过程。数值分析中可根据不同的非饱和理论设定 k_{ij} 函数式,将计算方程在时间和空间上离散,采取相应的数值计算方法,如:有限元法、差分法等,进行迭代计算。

5.9.5　地震响应分析原理与方法

地震动力对工程的影响主要有:地震期间出现的位移、变形和惯性力;产生的超孔隙水压力(液化问题);土的剪切强度的衰减;惯性力、超孔隙水压力和剪切应力降低对稳定的影响;超孔隙水压力的重分布和地震后的应变软化;永久变形及大面积液化引起的破坏。研究表明地震停止之后出现的围堰导流堤、重力坝变形经常超过标准永久大变形。震后变形不是惯性力和位移引起的,是超孔隙水压力和土强度降低两者的耦合,尤其出现在人造工程中。地震震源以地震波的形式释放应变能,地震波使地震具有巨大的破坏力,包括两种在介质内部传播的体波和两种限于界面附近传播的面波。

(1)体波

纵波能通过任何物质传播,而横波是切变波,只能通过固体物质传播。纵波(P 波)在任何固体物质中的传播速度都比横波(S 波)快,在近地表一般岩石中,$V_P = 5 \sim 6 km/s$,$V_S = 3 \sim 4 km/s$。在多数情况下,物质的密度越大,地震波速度越快。

根据弹性理论,纵波传播速度 V_P 和横波传播速度 V_S 计算公式见下式。

$$\left. \begin{array}{l} V_P = \sqrt{\dfrac{E(1-\nu)}{\rho(1+\nu)(1-2\nu)}} \\ V_S = \sqrt{\dfrac{E}{2\rho(1+\nu)}} = \sqrt{\dfrac{G}{\rho}} \end{array} \right\} \qquad (5.128)$$

式中: E——介质的弹性模量。

　　　　ν——介质的泊松比;

　　　　ρ——介质的密度;

　　　　G——介质的剪切模量。

(2)面波

面波(L 波)是体波达到界面后激发的次生波,沿着地球表面或地球内的边界传播。

(3)地震动力模型

地震动力模型中最简单模型是线弹性模型。计算时泊松比 ν 最大值不应大于 0.49。

$$
\begin{Bmatrix} \sigma_x \\ \sigma_y \\ \sigma_z \\ \tau_{xy} \end{Bmatrix} = \frac{E}{(1+v)(1-2v)} \begin{bmatrix} 1-v & v & v & 0 \\ v & 1-v & v & 0 \\ v & v & 1-v & 0 \\ 0 & 0 & 0 & \dfrac{1-2v}{2} \end{bmatrix} \begin{Bmatrix} \varepsilon_x \\ \varepsilon_y \\ \varepsilon_z \\ \gamma_{xy} \end{Bmatrix} \quad (5.129)
$$

建立等效线性模型时，需确定等效线性剪切模量 G 和相应的阻尼比。

$$
A_{\max}^i = \max \left[\sqrt{\sum_{n=1}^{n_p} (\alpha_n^i)^2 / n_p} \right] \quad (5.130)
$$

式中：α_n^i——节结点 n 对 i 步迭代的动态节点位移。

一次动力荷载停止计算的依据是位移最大标准值变化小于指定的容许值或者迭代达到了指定最大迭代步。位移收敛准则如下：

$$
\delta A_{\max} = \frac{|A_{\max}^{i+1} - A_{\max}^i|}{A_{\max}^i} < [A_{\max}] \quad (5.131)
$$

（4）有限元地震荷载产生的应力

地震荷载的表达式：

$$
\boldsymbol{F}_g = \boldsymbol{M} \ddot{\boldsymbol{a}}_g \quad (5.132)
$$

式中：$\boldsymbol{M}$——质量矩阵；

$\ddot{\boldsymbol{a}}_g$——应用结点的加速度。

（5）时程分析

时程分析采用的动力平衡方程如下：

$$
\boldsymbol{M} \ddot{\boldsymbol{a}}_g + \boldsymbol{D} \dot{\boldsymbol{a}} + \boldsymbol{K} \boldsymbol{a} = p(t) \quad (5.133)
$$

式中：$\boldsymbol{M}$——质量矩阵；

$\boldsymbol{D}$——阻尼矩阵；

$\boldsymbol{K}$——刚度矩阵；

$p(t)$——动力荷载；

$\dot{\boldsymbol{a}}$、$\boldsymbol{a}$——相对速度和位移。

5.9.6 有限元数值模拟动力分析方法

（1）建立模型

要求满足抵抗地震作用，地震力发生在工程建造完成之后运营期间。模型参数还要考虑材料的阻尼黏性作用，所以要输入瑞利阻尼系数 α 和 β；模型边界条件选取标准地震边界，地震波谱选用 UPLAND 记录的真实地震加速度数据分析如图 5.85 所示。

（2）边界条件与阻尼

有限元数值模拟分析地震动力计算过程中，为了防止应力波的反射，并且不允许模

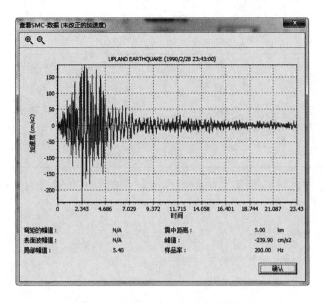

图 5.85　地震波谱加速度-时间曲线

型中的某些能量发散，边界条件应抵消反射，即地震分析中的吸收边界。吸收边界用于吸收动力荷载在边界上引起的应力增量，否则动力荷载将在土体内部发生反射。吸收边界中的阻尼器替代某个方向的固定约束，阻尼器要确保边界上的应力增加被吸收不反弹，之后边界移动。在 x 方向上被阻尼器吸收的垂直和剪切应力分量为：

$$\left.\begin{aligned}\sigma_n &= -C_1\rho V_\mathrm{p}\dot{u}_x\\\tau &= -C_2\rho V_\mathrm{s}\dot{u}_y\end{aligned}\right\}\tag{5.134}$$

其中：ρ——材料密度；V_p——压缩波速；V_s——剪切波速；C_1、C_2——促进吸收效果的松弛系数。

取 $C_1=1$、$C_2=0.25$ 可使波在边界上得到合理的吸收。材料阻尼是由摩擦角不可逆变形如塑性变形或黏性变形引起的，故土体材料越具黏性或者塑性，地震震动能量越易消散。有限元数值计算中，C 是质量和刚度矩阵的函数：

$$C=\alpha_R M+\beta_R K\tag{5.135}$$

（3）材料的本构模型与物理力学参数

由于土体在加载过程中变形复杂，很难用数学模型模拟出真实的土体动态变形特性，多数有限元土体本构模型的建立都在工程实验和模型简化基础上进行。但是，由于土体变形过程中弹性阶段不能和塑性阶段分开，采用设定高级模型参数添加阻尼系数，如表 5.6 中所列。

表 5.6　地层土体阻尼参数

模型土体	固有频率	阻尼比	α	β
混凝土	18.34	0.031	0.41	0.002
复合地基	45.29	0.03	0.74	0.004

表5.4(续)

模型土体	固有频率	阻尼比	α	β
粉质黏土	187.3	0.033	0.001	0.001
中砂土	45.29	0.03	0.74	0.004
黏土	160.9	0.033	0.001	0.001
粗砂土	152.0	0.037	4.05	0.0001
基岩	193	0.038	0.01	0.01

另外，土工格栅材料抗拉能力为80kN/m，材料的阻尼布置均为0.01。

第6章 滩浅海人工岛流固耦合稳定性分析

人工岛具有建设开发投资大、建设周期长、建成后几乎不可变等特点，因此全面确定人工岛功能及其前瞻性十分重要。考虑到冀东油田人工岛在设计初期就已经对其主体功能做了定位，本章将运用有限元分析软件，分析滩浅海采油人工岛在现有使用功能下的力学特性及应变分布情况。

6.1 我国海上大型人工岛建设关键技术

从北部渤海湾周边城市围海造地再到南部南海诸多军事人工岛的兴建，我国向海洋进军的建设开发也有了一段历程，在这期间，我国对海上大型人工岛的建设也总结了一些技术经验，其中主要关键技术要点如下。

（1）人工岛设计标准。主要考虑使用要求相关标准和安全相关标准。使用要求相关标准包括使用寿命标准、沉降标准、位移标准、承载力标准等。人工岛在前期确定使用寿命的时候一般要结合其用途以及其上的使用设施，寿命大于或与使用设施相当，但在一些情况下，人工岛的设计标准需要专门研究，例如岛上的使用设施是建筑施工、娱乐设施等可再生设施。安全相关标准包括潮位重现期、波浪重现期与累积频率、海冰、抗震标准等。同时需要根据工程地区的水文情况来确定人工岛高程和防护结构；固定冰和浮冰的影响对于冰冻地区的人工岛工程也是不可忽视的。

（2）人工岛选址。人工岛一般在设计初期就已经确定了其特定的功能，并根据使用需求综合考虑地质、自然条件等因素进行建设场地选择，不同使用性质的人工岛选址的侧重点也不一样。人工岛的投资主要根据人工岛所处位置的水文地质情况和吹填料来源情况而定，项目的选址也要尽可能避开地下断裂带等。

（3）关键基础资料获取技术。人工岛建设所需要的基础资料主要包括潮位、波浪、潮流、泥沙、海冰、海啸、断裂带分布、地震动参数、土体性质等，对于这些基础资料的要求不能统一控制，这是由于工程区域的自然条件各有差异，且不同人工岛也有不同的具体要求。由于人工岛大多处于外海，波浪高、风速大等影响会加大场地勘查和检测难度。

（4）平面形态与总体布置。人工岛的使用功能是最主要的控制因素，根据功能要求来确定人工岛的平面形状和总体布置。容积率是人工岛平面形状的主要考虑因素，该因素包括了岛的护岸的长度，平顺水流的外凸流线布置。因此，人工岛平面形态主要包括准矩形、圆形或椭圆形，正多边形，不规则的流线。整体布局还应特别注意人工岛与外部的高效连接，以得到合理的总体方案。连接形式包括码头、公路桥梁、轨道交通等。

（5）陆域形成与基础处理技术。对于海上大型人工岛，最重要的因素就是吹填所用的填料来源，合理的填料来源不仅可以降低施工成本，也可以加快施工速度。工程区域附近有充足的海砂，或者邻近的陆地有大量的土石方，这些都是吹填陆域时比较理想的情况。陆域形成的方式基本决定了地基的处理方式，具体的地基处理方式和常规的地基处理方式差异不大。

（6）新型护岸结构。对于护岸结构的形式，在本质上人工岛与常规海岸项目是基本相同的，但由于人工岛建设标准烦琐、施工难度大，其总体要求往往要比常规护岸高，因而人工岛护岸结构需考虑水深浪大的环境与软土地基相适应，便于施工的整体性，以及生态环境保护与护岸结构形式和结构材料的选择。同时对于护面块体和护底结构抵抗外海大海浪冲刷作用的能力，海水对护岸结构的腐蚀作用而导致的性能退化，地震作用下护岸结构的稳定性及其震后损毁修复等因素的影响也不容忽视。

（7）施工组织。不同于常规海岸项目，人工岛项目的施工组织更为复杂，要求更高，并且单一的作业方式并不一定适用，需要多种作业多道工序配合进行，特别是远海的人工岛和大型的海上人工岛，对施工组织的要求非常高。

（8）其他技术问题。与常规项目不同，生态与环境保护技术、安全监测技术等关键技术也是人工岛建设时所要面临的技术问题，人工岛项目的前期规划中应着重考虑生态和环境保护问题。在布局和土地平整规划中，也要保证不对周边的生态环境造成破坏，减少对环境的影响。在结构设计中，为了尽可能协调人工岛和周围环境的关系，景观护岸和生态护岸需要有一定的考虑。在人工岛建设和使用过程中，为了确保人工岛建设的质量和使用安全，安全监控工作必须落实到位，在后续的使用和维护中也能提供依据。

6.2 采油人工岛施工阶段流固耦合数值模拟分析

6.2.1 滩浅海采油人工岛工程水文地质条件

冀东油田 1 号人工岛位于河北省唐山市南部海域，曹妃甸新区西侧浅滩，滩面高程在 0~5.0m 不等。人工岛所在海域为不规则半日潮，设计高水位为 3.19m，设计低水位为 0.17m，极端高水位 4.57m，极端低水位-1.40m。人工岛南向为常浪向，东南向为强浪向，100a 一遇波高 H1% 为 5.87m，H13% 为 4.56m。人工岛所在海域冬季容易由浅海向深海发展结冰趋势，其中严重冰日在 1 月中旬，融冰日在 2 月中旬。固定冰宽度在 1.5~2.5km，平均厚度为 20cm，最大厚度为 40cm。人工岛所在区域地层主要为第四纪海相沉积层，并且有明显的沉积韵律，新近沉积土层较为松散软弱，土状主要呈淤泥质，上部土层强度较弱，下部土层强度较强。上部地层主要由松散的粉细沙混淤泥、淤泥质粉质黏土、粉质黏土及粉土组成，下部地层主要为中密至密实的粉细沙、粉质黏土、淤泥质土及粉土。

6.2.2 模型建立及相关参数

根据图 6.1 所示的冀东油田 1 号人工岛断面图，运用有限元软件建立人工岛二维模型，对人工岛的力学特性进行数值模拟分析，二维模型如图 6.2 所示。整个模型竖向尺寸 52m，横向尺寸 200m，人工岛高程+12m。

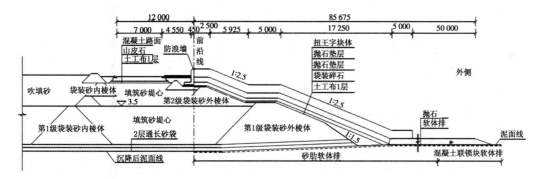

图 6.1 人工岛断面图

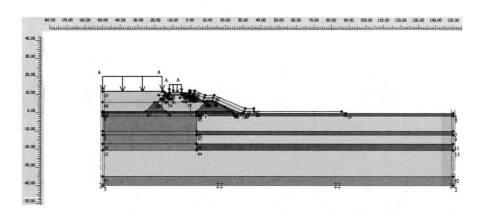

图 6.2 人工岛二维模型图

土体结构单元有两种：6 节点三角单元和 15 节点三角单元。两种单元类型的对比见表 6.1，土体结构单元和界面单元类型自动和土体单元类型相匹配。

由于节点总数和应力点总数相等，可以将 15 节点三角单元看成 4 个 6 节点三角单元的组合。但是一个 15 节点三角单元要比 4 个 6 节点三角单元的组合功能更好。节点位置和土体单元的应力点见图 6.3。

表 6.1 土体单元类型

类型	位移差值	数值积分中使用的高斯应力点	精度
6 节点三角单元	2 阶	12 个	差
15 节点三角单元	4 阶	3 个	非常精确

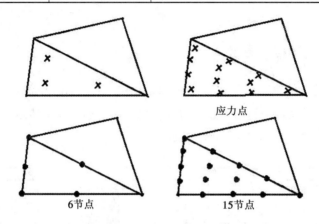

图 6.3 节点位置和土体单元的应力点

采用界面的处理方式以模拟土工布、桩基与土体之间的相互作用。界面由界面单元组成,土体单元与界面单元的连接形式如图 6.4 所示。土体采用 15 节点三角单元时,相应的界面单元以 5 组节点定义;采用 6 节点三角单元时,相应的界面单元则以 3 组节点定义。通过 Newton-Cotes 积分得出界面单元的刚度矩阵。5 个应力点用于 10 节点界面单元,而 3 个应力点用于 6 节点界面单元。

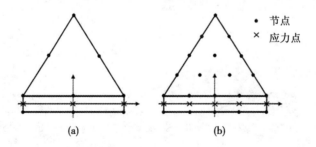

图 6.4 单元节点和应力点分布

人工岛吹填主要使用粉细沙,所有土体均选用摩尔-库仑模型来模拟其应力-应变关系。左右两侧设置水平约束,竖向位移自由为本模型边界条件。网格划分采取平面应变模型 15 节点三角单元,网格间距 0.5m,网格生成如图 6.5 所示。

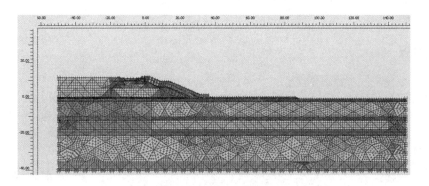

图 6.5 有限元数值模拟分析断面网格划分

6.2.3 有效初始应力-应变分析

人工岛建设完成后，应分析工程仅在场地自重作用下的初始应力状态。土体的本构模型、土层厚度与土层分布的影响均需要在有限初始应力的形成过程中被考虑到。从图 6.6 至图 6.8 可以看出，在初始应力状态下，沉降主要发生区域位于护坡及其下部土体，最大沉降位移为 0.179m。

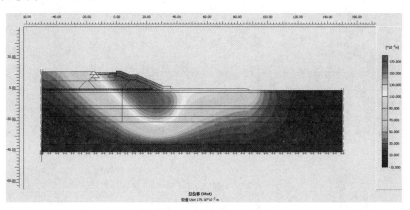

图 6.6 弹塑性有限元分析位移等值线云图

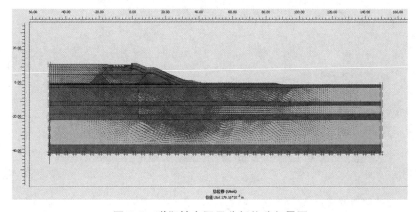

图 6.7 弹塑性有限元分析位移矢量图

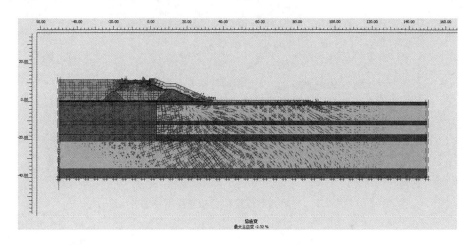

图 6.8　弹塑性有限元分析总应变矢量分布图

从图6.9体积应变等值线云图和图6.10剪应变等值线云图可以看出，整个人工岛结构及地基没有明显的剪应变产生，只有抛石软体排的两脚处有剪应变出现，且出现范围很小。最大体积应变仅1.17%，人工岛整体稳定。

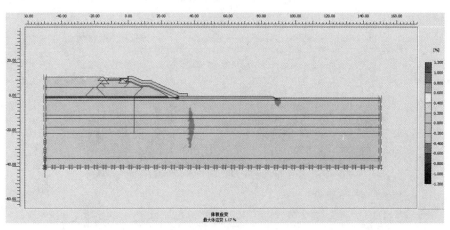

图 6.9　弹塑性有限元分析体积应变等值线云图

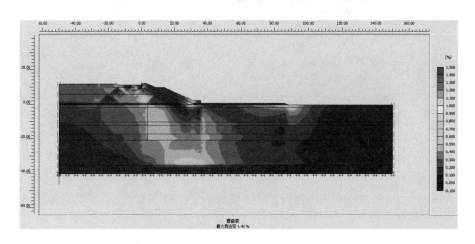

图 6.10　弹塑性有限元分析剪应变等值线云图

6.2.4　有效初始应力与塑性区分析

在仅有自重作用的初始应力状态下，从图 6.11 中可以看出，护坡沿抛石软体排发生的有限应力矢量偏转明显，最大有效应力 571.62kN/m²。从图 6.12 可知，护坡顶部和坡脚出现剪切破坏，路基底部的上部吹填层也有剪切破坏，且路堤下部的通长袋装沙也有剪切破坏。

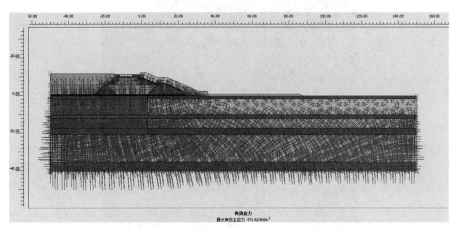

图 6.11　弹塑性有限元分析有效应力矢量分布图

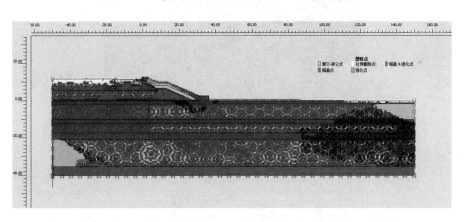

图 6.12　弹塑性有限元分析塑性区分布图

6.3　采油人工岛采储油荷载作用流固耦合数值模拟分析

6.3.1　采储油荷载下位移应变分析

人工岛建设完成固结稳定后，即在岛上建设采油工业设备和储油罐，如图 6.13 所示。考虑采油作业的荷载对人工岛结构的应变影响，在人工岛模型上添加场地均布荷载和路面车辆荷载以模拟人工岛在采油工业用途运营期间的一般受力状态，从图 6.14 和图 6.15 中可以看出，在此作用下沉降发生区域主要位于护坡及其下部土体，最大沉降位移为 0.181m，比场地自重作用下沉降增加约 0.002m。

（a）钻井机架

（b）储油罐

图 6.13　人工岛上的工业设备

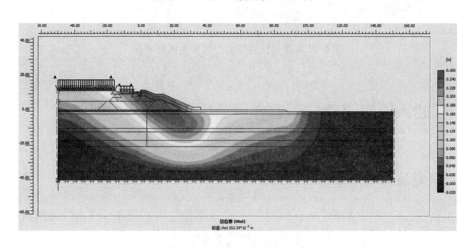

图 6.14　采储油荷载作用下弹塑性有限元分析位移云图

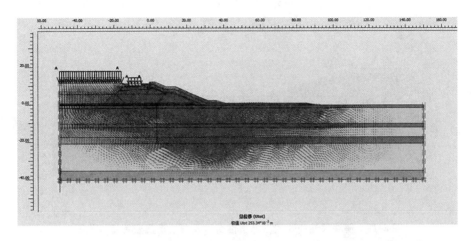

图 6.15　采储油荷载作用下弹塑性有限元分析位移矢量分布图

从图 6.16 弹塑性总应变矢量分布图、图 6.17 体积应变等值线云图和图 6.18 剪应变等值线云图中可以看出，添加岛上场地荷载后，整个人工岛结构及地基没有出现明显的剪应变，只有抛石软体排的两脚处有剪应变出现，且出现范围很小。最大体积应变仅1.18%，人工岛整体稳定。

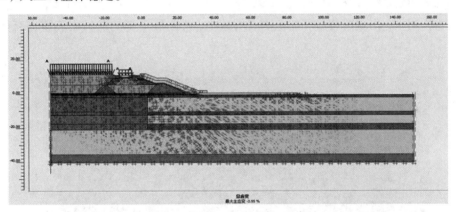

图 6.16　储油采油荷作用下弹塑性有限元分析总应变矢量分布图

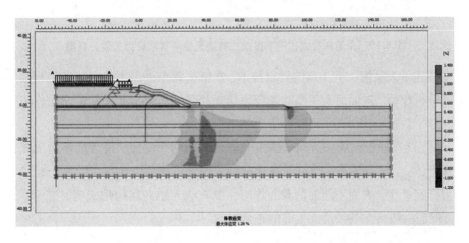

图 6.17　储油采油荷作用下弹塑性有限元分析体积应变等值线云图

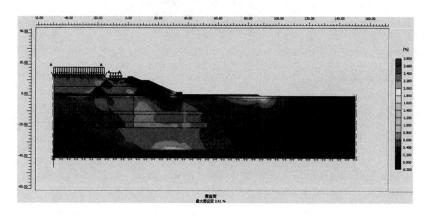

图 6.18　储油采油荷作用下弹塑性有限元分析剪应变等值线云图

6.3.2　采储油荷载下有效应力与塑性区分析

从图 6.19 中可以看出,护坡沿抛石软体排发生的有限应力矢量偏转明显,最大有效应力 572.86kN/m²,比场地自重作用下增大 1.24kN/m²。

从图 6.20 可知,护坡坡脚出现剪切破坏,路基底部的上部吹填层也有剪切破坏,但相比自重作用下,出现剪切破坏的范围有所减小,且路堤下部的通长袋装沙也有剪切破坏。

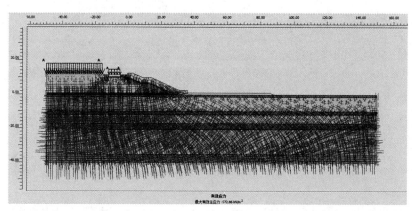

图 6.19　采储油荷载作用下弹塑性有限元分析有效应力矢量分布图

以上简述了大型海上人工岛的建设技术,并依据冀东油田 1 号人工岛工程断面图建立有限元分析模型,进而对人工岛初始应力状态和采油运营期间采储油荷载作用下的人工岛分别作了数值模拟分析,得到的主要结果如下。

(1)人工岛在建设完成和后期采油工业运营时期两个阶段,最大位移均出现在护坡及其下部土体,且后期阶段的沉降量只比前期阶段沉降量多出 0.002m,两个阶段也没有明显的剪应变产生,表明采储油荷载的作用并没有给人工岛结构带来明显变形,人工岛稳定,可保证一般状态下采油人工岛的正常运营。

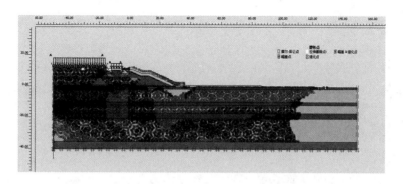

图 6.20 采储油荷载作用下弹塑性有限元分析塑性区分布图

(2)从两阶段模型的有效应力矢量分布来看，后阶段所产生的最大有效应力只比前阶段大 1.24kN/m²，有效应力偏转最大处均位于护坡及底部，护坡有沿抛石软体排发生滑移的趋势。从塑性区分布来看，人工岛剪切破坏区主要发生在护坡和环岛路基上，但由于护坡主要是石块构成，因此在应力作用下会产生一定的变形。但人工岛结构底部地基无剪切破坏，整体稳定。

第7章 滩浅海人工岛高层建筑地震响应研究

本章在滩浅海采储油人工岛流固耦合渗流机理及其分析的基础上，针对滩浅海采储油人工岛及高层建筑荷载作用开展动力响应研究，通过采储油荷载作用有限元模型建立及地震波选取和采储油荷载作用有限元模型边界条件及阻尼，深入进行采油人工岛采储油荷载作用动力响应分析和采油人工岛高层建筑荷载作用动力响应分析。

7.1 采储油荷载作用有限元模型建立及地震波选取

由于冀东油田人工岛处于华北连发式地震带上，1976年发生的7.8级地震给唐山带来极大的损失和伤亡，也给周边地区带来了极大的影响，如图7.1所示。基于此情况，人工岛必须考虑地震作用下的影响，具备一定的抗震性能。下面将分析人工岛在地震作用下的动力响应力学特性。

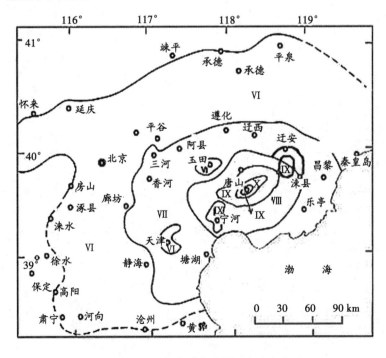

图7.1 1976年唐山大地震烈度分布图

地震波选用 1976 年唐山大地震时天津宁河监测站真实记录的天津宁河波。天津宁河区位于天津市东北部，唐山地震余震区的西南端。该地曾发生两次 6 级以上地震，1976 年 11 月 15 日宁河发生 6.9 级地震，天津医院地震记录点记录了此次地震波。台站处地震烈度为 7 度，场地类型为Ⅳ类。天津宁河波分为东西、南北两个水平方向波，震级 M=6.9，震中距 65km。地震记录时长 19.19s，有效频宽 0.30~35.00Hz。东西向地震波加速度峰值-104.18cm/s²，出现在 7.58s。南北向地震波加速度峰值 145.80cm/s²，出现在 7.64s。两个地震波加速度时程曲线见图 7.2 和图 7.3。考虑到唐山地震源与人工岛的方位，这里选取天津宁河波 NS 来进行人工岛有限元模型的地震动力响应分析。

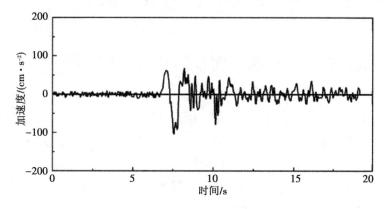

图 7.2　天津宁河波 EW

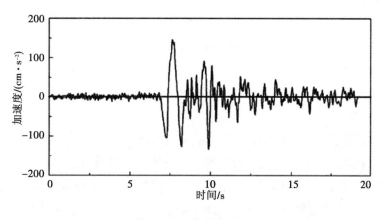

图 7.3　天津宁河波 NS

运用有限元软件建立人工岛在采储油荷载作用下的二维模型，并在模型底部添加水平向的地震波，模拟人工岛建设完成之后采油工业运营期间的地震力作用。土体本构关系依旧选用摩尔-库仑本构，模型网格划分及边界条件如图 7.4 所示。

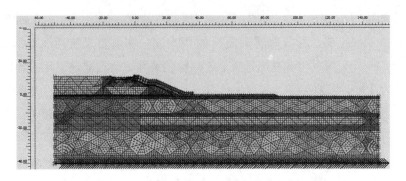

图 7.4　采储油荷载作用下有限元模型及地震边界

7.2　采储油荷载作用有限元模型边界条件及阻尼

为了防止应力波的反射和模型中的某些能量发散，有限元数值模拟分析地震动力计算时边界条件应设置吸收边界。动力荷载在边界上引起的应力增量通过吸收边界进行消除，如此土体内部就不会发生动力荷载作用所产生的反射，从而提高计算结果的准确度。模型中某个方向的固定约束以吸收边界中阻尼器来设定，阻尼器要确保能够吸收边界上的应力增加，不发生反弹并随后边界移动。垂直和剪切应力在 x 方向上被阻尼器吸收分量为：

$$\sigma_n = -C_1 \rho \, V_p \, \dot{u}_x \tag{7.1}$$

$$\tau = -C_2 \rho \, V_s \, \dot{u}_y \tag{7.2}$$

式中：ρ——材料密度；

　　　V_p——压缩波速；

　　　V_s——剪切波速；

　　C_1，C_2——促进吸收效果松弛系数。

取 $C_1 = 1$，$C_2 = 0.25$ 可使波在边界上得到合理吸收。材料阻尼由不可逆变形（如塑性变形或黏性变形）引起，故土体材料越具黏性或者塑性，地震震动能量越易消散。有限元数值计算中，C 是质量和刚度矩阵的函数，如下：

$$C = \alpha_R M + \beta_R \tag{7.3}$$

7.3　采油人工岛+采储油荷载作用动力响应分析

7.3.1　地震作用下人工岛结构变形网格特征

在采储油荷载作用下，在模型底部添加地震波，分别得出人工岛结构在 2.5s、5.0s、

7.5s、10.0s、12.5s 时的变形网格，如图 7.5 所示。人工岛模型在各时间点的最大位移分别为 1.50m、5.01m、8.23m、10.11m、12.21m。这表明随着地震作用时间的推移，人工岛结构沿着护坡发生大变形的网格滑移特征。

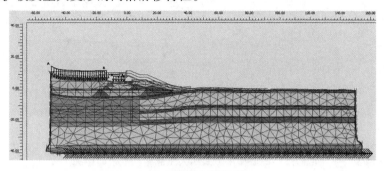

(a)2.5s 地震变形的网格

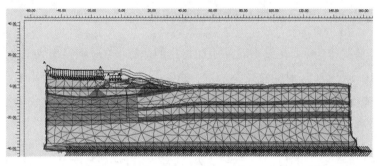

(b)5.0s 地震变形的网格

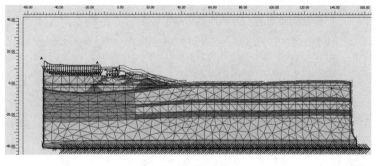

(c)7.5s 地震变形的网格

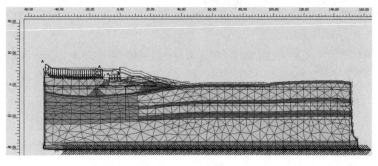

(d)10.0s 地震变形的网格

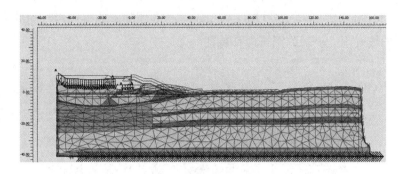

(e)12.5s 地震变形的网格

图 7.5 地震作用下采油人工岛结构变形网格图

7.3.2 地震作用人工岛结构总位移云图特征

在采储油荷载作用下，在模型底部添加指定的地震波，分别得出人工岛结构在 2.5s、5.0s、7.5s、10.0s、12.5s 时的总位移云图，如图 7.6 所示。从图中可以看出，随着地震时间的推移，护坡底部的土体位移量逐渐增大。底层土体先产生较大位移量，随后影响上部土体的位移量。

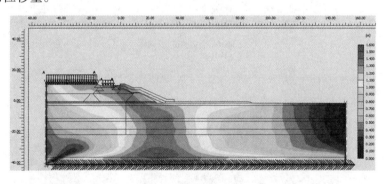

(a)2.5s 地震总位移云图

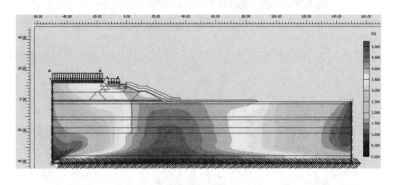

(b)5.0s 地震总位移云图

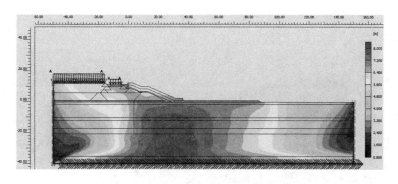

（c）7.5s 地震总位移云图

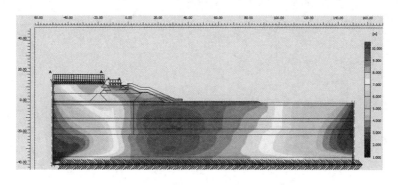

（d）10.0s 地震总位移云图

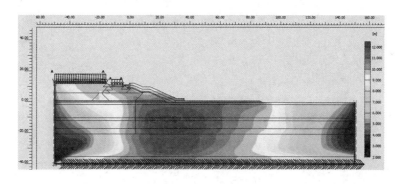

（e）12.5s 地震总位移云图

图 7.6　地震作用下采油人工岛结构总位移云图

7.3.3　地震作用下人工岛结构总速度云图特征

在采储油荷载作用下，在模型底部添加指定的地震波，分别得出人工岛结构在2.5s、5.0s、7.5s、10.0s、12.5s 时的总速度图，如图 7.7 所示。从图中可以看出，最大速度首先在土体中部出现，且随着地震作用时间的推移，总速度逐渐减弱。剪切变形主要发生在护坡坡脚和抛石软体排上，最大总速度也主要出现于土体的中下部。

(a)2.5s 地震总速度云图

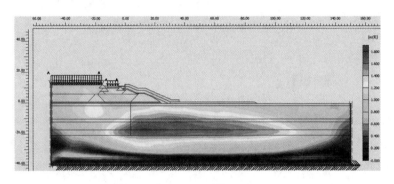

(b)5.0s 地震总速度云图

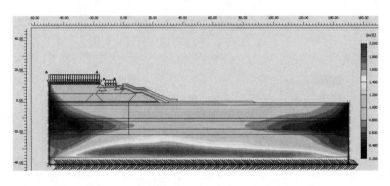

(c)7.5s 地震总速度云图

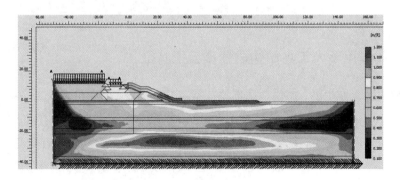

(d)10.0s 地震总速度云图

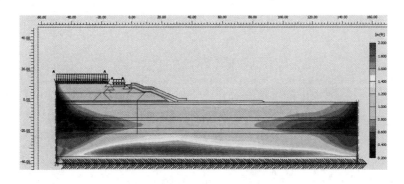

(e)12.5s 地震总速度云图

图 7.7　地震作用下采油人工岛结构总速度云图

7.3.4　地震作用下人工岛结构总加速度云图特征

在采储油荷载作用下，在模型底部添加指定的地震波，分别得出人工岛结构在 2.5s、5.0s、7.5s、10.0s、12.5s 时的总加速度云图，如图 7.8 所示。从图中可以看出，随着地震作用时间的推移，地震能量从底部土层逐渐向上部转移。且随着能量逐渐消耗，地震总加速度也随之逐渐减小，在最后 12.5s 时，地震最大总加速度不集中出现于某一区域，而是主要分散在人工岛下部土体，其加速度相对较小。

(a)2.5s 地震总加速度云图

(b)5.0s 地震总加速度云图

（c）7.5s 地震总加速度云图

（d）10.0s 地震总加速度云图

（e）12.5s 地震总加速度云图

图 7.8 地震作用下采油人工岛结构总加速度云图

7.3.5　地震作用下人工岛结构剪应变云图特征

在采储油荷载作用下，在模型底部添加指定的地震波，分别得出人工岛结构在2.5s、5.0s、7.5s、10.0s、12.5s时的剪应变云图，如图7.9所示。各个时间点的最大剪应变分别为85.54%、305.10%、425.38%、462.57%、509.63%。最大剪应变发生位置均位于模型边界处，这主要和模型边界设置有关。但从模型整体来看，整个人工岛结构无明显的剪应变产生，只是随着地震作用时间的推移，底层土体的剪应变区域略有变化。

（a）2.5s 地震剪应变云图

（b）5.0s 地震剪应变云图

（c）7.5s 地震剪应变云图

（d）10.0s 地震剪应变云图

(e)12.5s 地震剪应变云图

图 7.9 地震作用下采油人工岛结构剪应变云图

7.3.6 地震作用下人工岛结构有效应力矢量特征

在采储油荷载作用下,在模型底部添加指定的地震波,分别得出人工岛结构在 2.5s、5.0s、7.5s、10.0s、12.5s 时的有效应力矢量图,如图 7.10 所示。各时间点的最大有效应力矢量分别为 1640kPa、1020kPa、1270kPa、1100kPa、1150kPa。从图中可以看出,随着地震作用时间的推移,人工岛下部土体的有效应力矢量偏转明显增大。

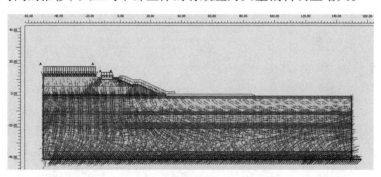

(a)2.5s 地震有效应力矢量图

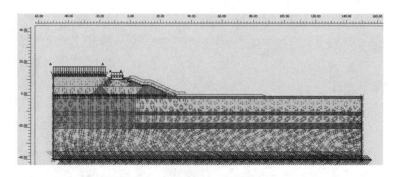

(b)5.0s 地震有效应力矢量图

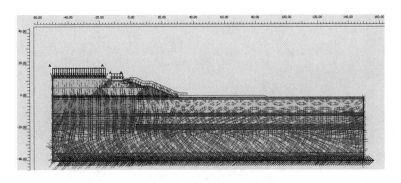

（c）7.5s 地震有效应力矢量图

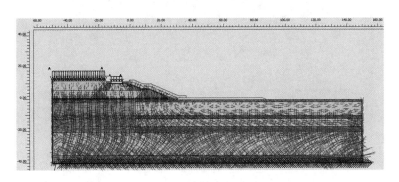

（d）10.0s 地震有效应力矢量图

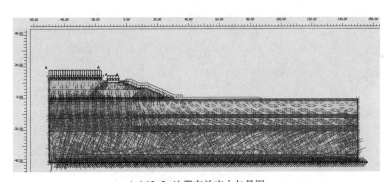

（e）12.5s 地震有效应力矢量图

图 7.10 地震作用下采油人工岛结构有效应力矢量图

7.3.7 地震作用下人工岛结构破坏区分布特征

在采储油荷载作用下，在模型底部添加指定的地震波，分别得出人工岛结构在 2.5s、5.0s、7.5s、10.0s、12.5s 时的破坏区分布图，如图 7.11 所示。从图中可以看出，在地震作用下，底部土层、人工岛下部土体，以及人工岛护坡均有破坏。其随着地震作用时间的推移，发生剪切破坏的变形区在减少，但仍可以发现明显的滑移失稳。

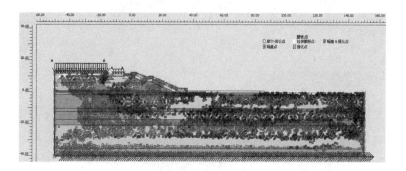

（a）2.5s地震破坏区分布图

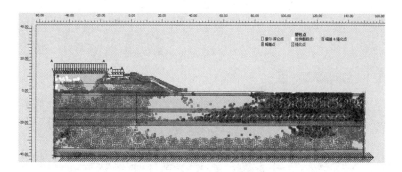

（b）5.0s地震破坏区分布图

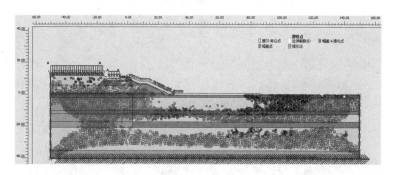

（c）7.5s地震破坏区分布图

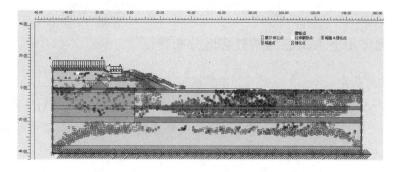

（d）10.0s地震破坏区分布图

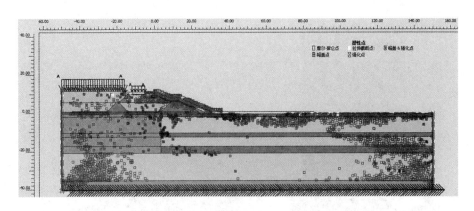

(e)12.5s 地震破坏区分布图

图 7.11　地震作用下人工岛整体结构破坏区分布图

7.4　采油人工岛+高层建筑荷载作用动力响应分析

7.4.1　高层建筑荷载作用模型建立及地震波选取

运用有限元软件建立人工岛上建造高层建筑结构的整体二维模型。上部建筑结构总荷载设为 430000t，基础采用桩基础，嵌固于底部的持力层上。在模型底部添加水平向的地震波，模拟工程建筑完成之后运营期间的地震力作用。依据场地条件和上部建筑结构荷载量，建筑基础拟采取桩基础的形式，桩基长 27m，持力层选为模型最底下一层土，土体本构关系依旧选用摩尔-库仑本构，模型网格划分及边界条件如图 7.12 所示，地震波依旧选用图 7.2、图 7.3 中所示天津宁河波加速度数据。

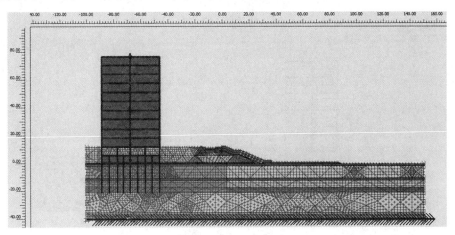

(a)有限元模型及地震边界

（b）建筑地基　　　　　　（c）海堤道路

图 7.12　人居人工岛有限元模型及地震边界

7.4.2　边界条件与阻尼

边界条件与阻尼情况同 7.2 节。

7.4.3　地震作用下人工岛结构变形网格特征

人工岛上建有高层建筑的条件下，在模型底部添加指定的地震波，分别得出人工岛结构在 2.5s、5.0s、7.5s、10.0s、12.5s 时的变形网格，如图 7.13 所示。模型在 5 个时间点的最大位移分别为 0.482m、0.595m、0.632m、0.645m、0.664m，且变形较大处位于护坡底部，表明随着地震作用时间的推移，人工岛结构沿着护坡发生大变形网格滑移特征。

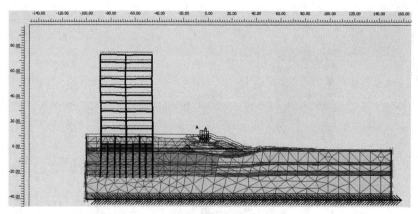

（a）2.5s 地震变形的网格

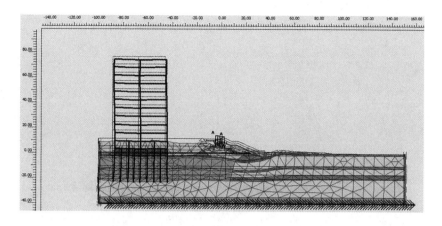

（b）5.0s 地震变形的网格

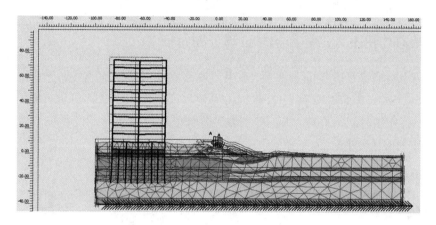

（c）7.5s 地震变形的网格

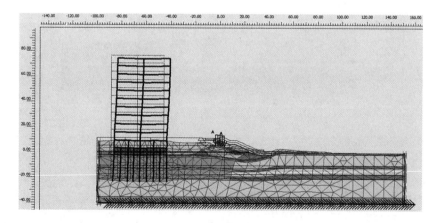

（d）10.0s 地震变形的网格

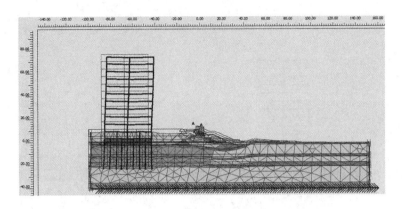

(e)12.5s 地震变形的网格

图7.13　地震作用下人居人工岛结构变形网格图

7.4.4　地震作用下人工岛结构总位移云图特征

人工岛上建有高层建筑的条件下，在模型底部添加指定的地震波，分别得出人工岛结构在 2.5s、5.0s、7.5s、10.0s、12.5s 时的总位移云图，如图 7.14 所示。从图中可以看出，随着地震作用时间的推移，人工岛护坡沿着坡度方向发生移动的特征。建筑结构的地基的位移变形量较小。

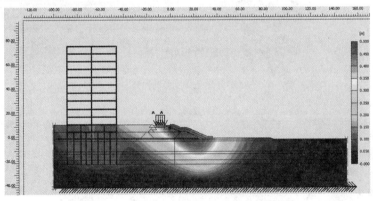

(a)2.5s 地震总位移云图

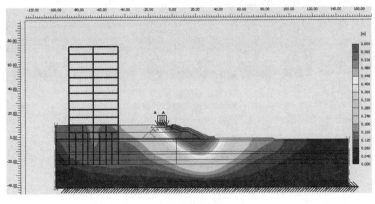

(b)5.0s 地震总位移云图

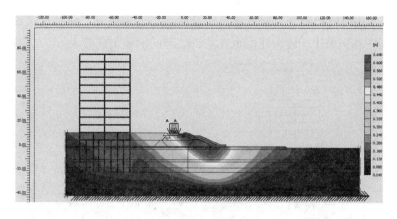

(c) 7.5s 地震总位移云图

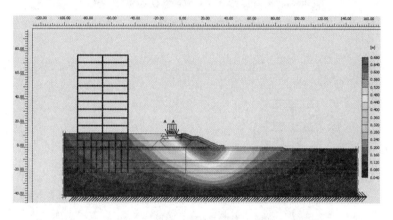

(d) 10.0s 地震总位移云图

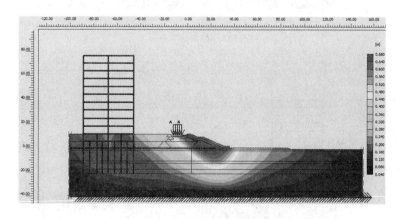

(e) 12.5s 地震总位移云图

图 7.14　地震作用下人居人工岛结构总位移云图

7.4.5　地震作用下人工岛结构总速度云图特征

人工岛上建有高层建筑的条件下，在模型底部添加指定的地震波，分别得出人工岛结构在 2.5s、5.0s、7.5s、10.0s、12.5s 时的总速度云图，如图 7.15 所示。从图中可以看出，随着地震作用时间的推移，地震能量逐渐向土体表面传递，并且速度逐渐减弱。剪切变形主要集中在护坡上，最大速度也在从护坡脚向护坡顶部移动。

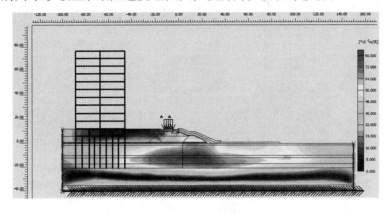

(a)2.5s 地震总速度云图

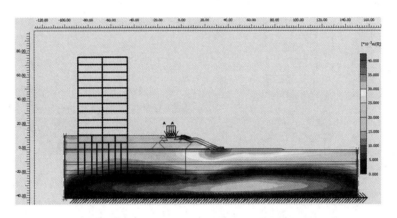

(b)5.0s 地震总速度云图

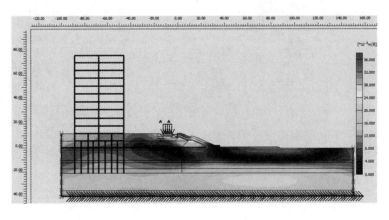

(c)7.5s 地震总速度云图

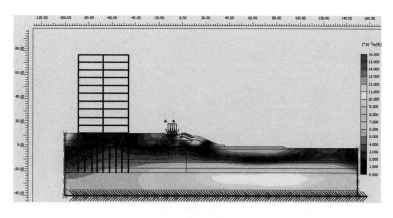

（d）10.0s 地震总速度云图

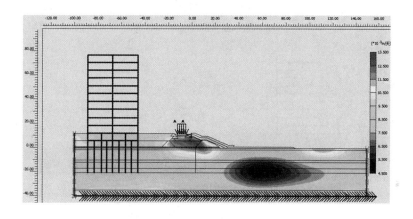

（e）12.5s 地震总速度云图

图 7.15　地震作用下人居人工岛结构总速度云图

7.4.6　地震作用下人工岛结构总加速度云图特征

人工岛上建有高层建筑的条件下，在模型底部添加指定的地震波，分别得出人工岛结构在 2.5s、5.0s、7.5s、10.0s、12.5s 时的总加速度云图，如图 7.16 所示。从图中可以看出，随着地震作用时间的推移，地震能量向地表传递，加速度最大区也从地基底部逐渐向护坡顶部转移。随着地震能量的消耗，加速度逐渐减小，但加速度最大区最终主要集中于护坡上，说明在地震响应下，护坡易失稳。

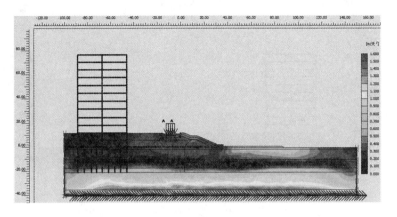

(a)2.5s 地震总加速度云图

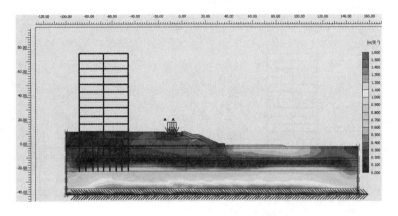

(b)5.0s 地震总加速度云图

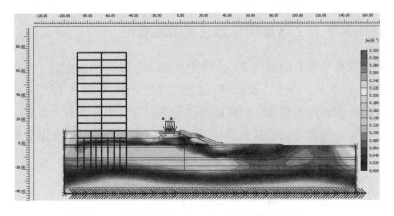

(c)7.5s 地震总加速度云图

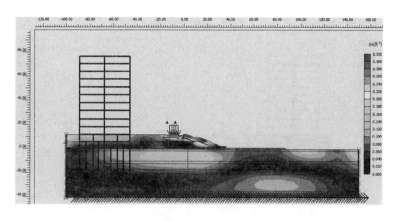

（d）10.0s 地震总加速度云图

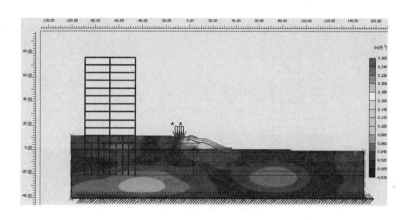

（e）12.5s 地震总加速度云图

图 7.16　地震作用下人居人工岛结构总加速度云图

7.4.7　地震作用下人工岛结构剪应变云图特征

　　人工岛上建有高层建筑的条件下，在模型底部添加指定的地震波，分别得出人工岛结构在 2.5s、5.0s、7.5s、10.0s、12.5s 时的剪应变云图，如图 7.17 所示。各时间点的最大剪应变分别为 4.14%、5.46%、5.94%、6.31%、6.55%。从图中可以看出，整个人工岛结构无明显剪应变出现，最大剪应变主要出现在护坡坡脚和抛石软体排的相接处。随着地震作用时间的推移，剪应变产生区域也无明显变化，所以在地震动力响应下，主要考虑护坡坡脚的剪切破坏，防止人工岛结构失稳。

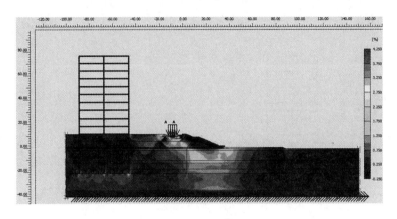

(a)2.5s 地震剪应变云图

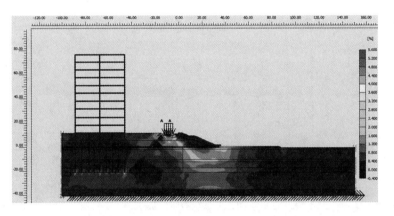

(b)5.0s 地震剪应变云图

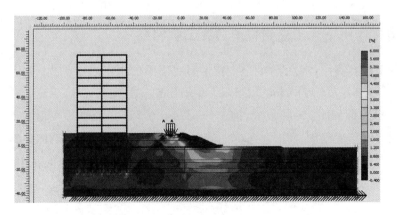

(c)7.5s 地震剪应变云图

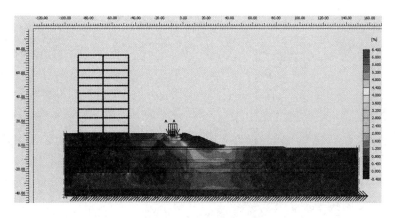

（d）10.0s 地震剪应变云图

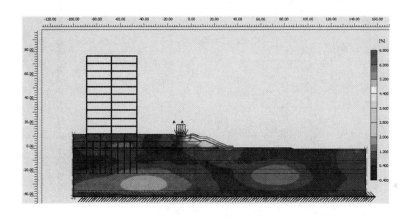

（e）12.5s 地震剪应变云图

图 7.17　地震作用下人居人工岛结构剪应变云图

7.4.8　地震作用下人工岛结构有效应力矢量特征

　　人工岛上建有高层建筑的条件下，在模型底部添加指定的地震波，分别得出人工岛结构在 2.5s、5.0s、7.5s、10.0s、12.5s 时的有效应力矢量图，如图 7.18 所示。各时间点的最大有效应力矢量分别为 644.93kPa、656.19kPa、687.56kPa、679.36kPa、685.97kPa。从图中可以看出，随着地震作用时间的推移，建筑物桩基和护坡底部有效应力矢量偏转明显增大。

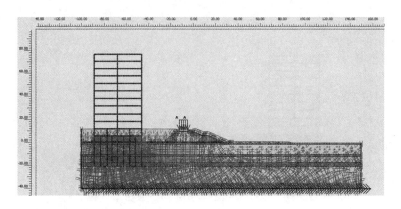

(a)2.5s 地震有效应力矢量图

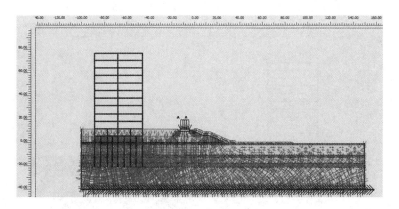

(b)5.0s 地震有效应力矢量图

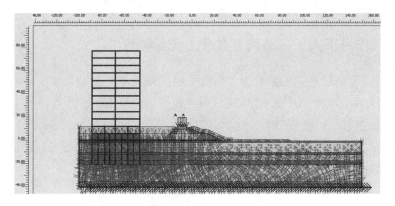

(c)7.5s 地震有效应力矢量图

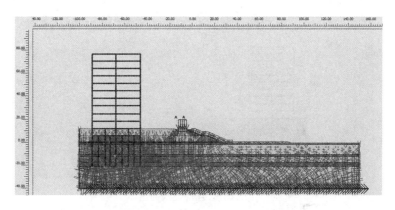

(d) 10.0s 地震有效应力矢量图

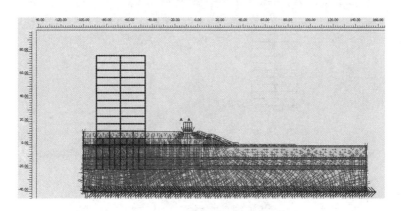

(e) 12.5s 地震有效应力矢量图

图 7.18　地震作用下人居人工岛有效应力矢量图

7.4.9　地震作用下人工岛结构破坏区分布特征

人工岛上建有高层建筑的条件下，在模型底部添加指定的地震波，分别得出人工岛结构在 2.5s、5.0s、7.5s、10.0s、12.5s 时的破坏区分布图，如图 7.19 所示。从图中可以看出，在地震作用下，破坏区主要分布于抛石软体排和路面下部的通长袋装沙。且随着地震作用时间的推移，发生剪切破坏的区域在减小，但整个人工岛结构无明显滑移失稳。

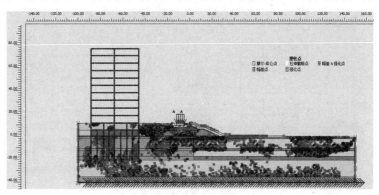

(a) 2.5s 地震破坏区分布图

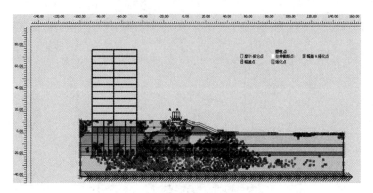

(b)5.0s地震破坏区分布图

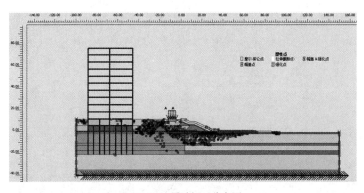

(c)7.5s地震破坏区分布图

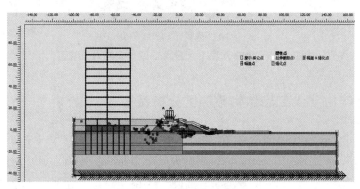

(d)10.0s地震破坏区分布图

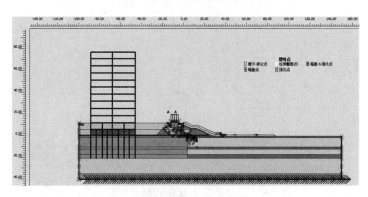

(e)12.5s地震破坏区分布图

图 7.19　地震作用下人居人工岛结构破坏区分布图

7.5　基于采油人工岛采储油荷载与高层建筑荷载动力响应对比

7.3 节和 7.4 节分别分析了人工岛处于采油工业状态下和人居建设状态下的地震动力响应，主要结果汇总见表 7.1。

表 7.1　两种方案主要结果对比

人工岛用途	采油工业	人居建设
最大总位移	12.21m	0.664m
最大总速度	7.58m/d	0.81m/d
最大总加速度	78.59m/d^2	1.53m/d^2
最大剪应变	509.63%	6.55%
最大有效应力矢量	1640kPa	697.56kPa

从表中可以看出，人居建设后的人工岛在地震作用下的性能指标均小于采油工业时的指标。由于工业设备相对较重，且荷载基本上直接作用于人工岛岛面，在此条件下人工岛在地震作用下产生了较大的变形失稳破坏。而建设高层建筑将原来的工业人工岛改建为人居人工岛后，人工岛上荷载相比原先较为集中，且建筑荷载通过桩基直接传递给地下持力层，而不是将荷载作用于人工岛岛面，减少了人工岛岛上荷载的直接作用。在地震动力作用下，人工岛整体的位移比原先采用工业用途时小了许多，且无明显的变形失稳破坏。

综上所述，冀东油田采油人工岛改建为人居人工岛具有可行性，且改建之后人工岛整体要比原先更加稳定，地震动力下的响应程度也要小很多。

7.6　对比分析

对滩浅海采油人工岛在采油工业用途时的人工岛和人居改建后的人工岛加载该地区实际发生过的天津宁河地震波，分别作了地震动力响应分析，并进行了两者结果对比，进一步探讨在人工岛上建高层建筑的可行性。主要结果如下。

（1）采储油荷载作用下的人工岛，在地震动力作用下发生了较大的变形，最大变形位移值达到了 12.21m，且地基土体也产生了较大的位移响应，随着地震作用时间推移，人工岛下部土体的有效应力矢量偏转也明显增大。剪切破坏区的范围也比较广，表明改建前的人工岛在强震作用下有发生滑移失稳破坏的可能。

（2）高层建筑荷载作用下的人工岛，在地震动力作用下仅有护坡处有较明显的滑移趋势，整体并无太大的位移发生，最大变形位移值为 0.664m。剪切破坏区主要分布于抛石软体排和路面下部的通长袋装沙，表明改建后的人工岛在强震作用下基本稳定，没有明显的滑移失稳趋势，具备足够的安全性。

（3）通过人工岛在采储油荷载作用下和高层建筑荷载作用下的地震动力响应分析指标的具体对比，发现人工岛在人居用途下比在采油工业用途下地震作用的动力响应值更小，说明当较大荷载直接作用在人工岛表面上会加大人工岛在地震作用下的不稳定性，同时也说明了冀东油田人工岛的人居建设是可行的，且改建后要比改建前更具有安全稳定性。

第8章 滩浅海人工岛构筑高层建筑选型验算

如今，建筑形式多种多样，除了保证建筑的使用功能外，越来越多的建筑开始追求外形美观。尤其是在人工岛这样一个"特殊"的环境下建造高层建筑，更有严格的设计建造要求。世界上也有许多国家在人工岛上建造了高层建筑，本章将参考世界各国人工岛上高层建筑的结构形式，利用有限元模型分析不同建筑形式的性能指标，逐步探讨适合于采油人工岛建造高层建筑的建筑形式。

8.1 滩浅海采油人工岛构造高层建筑原则

我国还没有明确的关于人工岛上高层建筑的设计标准，但由于冀东油田1号人工岛距离大陆海岸线不远，属于近海岛屿，在进行人工岛高层建筑结构设计时可以以常规的高层建筑设计基本原则作为参考。在结构选型上应注重平、立面布置的规则性，结构体系应当经济合理并且具有良好的抗震性能和抗风性能，构造措施相应加强。结构的整体性能应为抗震设计中的首要保证，整个结构应当具有必要的承载力、刚性和延性。

严重不规则的结构体系应当在高层建筑中避免，且下列基本要求均应满足：

（1）应具有必要的承载力、刚度和延性；

（2）应避免因局部破坏而导致整个结构破坏；

（3）结构选型与布置合理，避免局部突变和扭转效应而形成薄弱部位；

（4）宜具有多道抗震防线；

（5）宜采取措施减少混凝土收缩、温度变化、基础差异沉降等非荷载效应因素的不利影响。

8.2 滩浅海采油人工岛高层建筑结构选型及影响因素分析

8.2.1 建筑形式的探讨与选择

世界各国也有在海上人工岛上建造高层建筑的先例，除了图1.7、图1.8展示的高层建筑外，在阿联酋还建设了皇家马德里队岛和朱美拉棕榈岛，如图8.1所示。皇家马德里队岛上建有两个高层酒店，朱美拉棕榈岛上也建有塔楼式的建筑。纵观世界上各个海上人工岛高层建筑，不难发现建筑外形多选取圆形塔状的形式，这也给冀东油田人工岛上高层建筑的建筑形式带来参考和启发。

（a）皇家马德里队岛

（b）朱美拉棕榈岛

图8.1　世界上的人工岛高层建筑

冀东油田处于唐山市曹妃甸区，根据《中国地震动参数区划图》（GB 18306—2015），工程场地属7度抗震设防区，地震动反应谱特征周期为0.90s，设计地震峰值加速度为0.15g，场地类型为Ⅳ类。大量宏观震害调查结果表明，建筑物平面以及竖向布置上的不规则和刚度上的不均匀等，都容易加强震害引起的不利影响。唐山地区处于华北连发式地震带上，考虑到建筑物应具备足够的抗震性能，宜选择对抗震有利的建筑结构布置形式，且结构设计应着重于抗震设防，强化结构的抗震性能，减轻强震作用下带来的灾害。本建筑物位于冀东油田人工岛上，场地类型属于A类，易遭受较大的水平风荷载作用，故在建筑结构选型上还需要考虑抗风能力。

工程场地位于寒冷地区的人工岛上，考虑到区域气候环境和特殊的地质条件，建筑不宜过重，需通过合理的结构形式和材料选用来达到减轻建筑自重的目的。除考虑建筑物的使用要求、结构安全、施工方便外，寒冷地区高层建筑结构体系的选择还应注意寒冷地区的高层建筑围护结构。

目前,高层建筑的结构体系主要有框架结构、剪力墙结构、框架-剪力墙结构、框支剪力墙结构、框架-核心筒结构、筒中筒结构等。表8.1给出了不同结构在不同条件下的适用高度。一般为了利于减轻结构自重多采用开大窗和带型窗的方式,而框架结构和框架-剪力墙结构可以较好地适用这种方式。但在地震区宜选用剪力墙结构、筒体结构等抗震性能良好的结构。同时考虑到海上风荷载较大,高层建筑应具有抵御海上风暴的功能,周华、张江利在"威马逊"超强台风对建筑结构的灾损调查中指出,受到损坏的建筑结构主要是砌体结构和轻钢结构,而设计合理、施工质量优良的钢筋混凝土结构则基本完好。

综合上述场地的环境分析,建筑拟采用钢筋混凝土框架-核心筒结构。对于该结构,核心筒是建筑的主干,一般布置在建筑的中心部位,由钢筋混凝土浇筑而成。中央核心筒与外围框架形成一个外框内筒的形式,该形式建筑平面布置灵活,可产生大的内部使用空间。而且经验表明,这种结构十分有利于结构受力,筒体体系具有很大的刚度和强度,具有极优的抗风和抗震性。框架-核心筒结构也是国际上高层建筑广泛采用的主流结构形式。

表8.1 钢筋混凝土结构高层建筑的最大适用高度 单位:m

结构体系			抗震设防烈度		
			6度	7度	8度
钢筋混凝土结构	框架	现浇	60	55	45
		整体装配	50	35	25
	框架-剪力墙和框架筒体	现浇	130	120	100
		整体装配	100	90	70
	现浇剪力墙	无框支墙	140	120	100
		部分框支墙	120	100	80
	筒中筒及成束筒		180	150	120
混合结构	框架-核心筒	钢外框-钢筋混凝土筒	200	160	120
		型钢混凝土外框-钢筋混凝土筒	220	190	150
	筒中筒	钢外筒-钢筋混凝土筒	260	210	160
		型钢混凝土外筒-钢筋混凝土筒	280	230	170
钢结构	框架		110	110	90
	框架-支撑(剪力墙板)		220	220	200
	各类筒体和巨型结构		300	300	260

台风灾害对高层建筑也有着巨大的影响,虽然框架-核心筒结构具有良好的抗强风荷载性能,但是建筑外装饰或幕墙经不起风力作用会产生破坏,危及室内人员的安全。台风灾害对渤海区域影响相对较小,但为了避免台风带来的次生灾害,高层建筑外幕墙

可采用如图 8.2 所示柔性外挂幕墙的形式。柔性外挂幕墙可以随结构一起变形，可有效避免幕墙破坏和脱落。

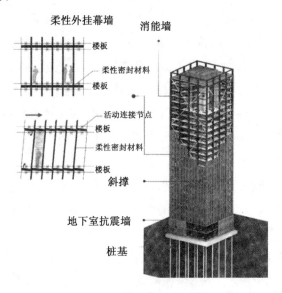

图 8.2　柔性外挂幕墙示意图

　　工程地质主要为软沙土和淤泥质黏土，为了满足滩浅海采油人工岛上人居设计的要求，减小上部荷载传给地基的压强，建筑结构选用大底盘双塔的形式。该建筑形式可以容纳较多的人员，也有利于开发人工岛上商业、旅游资源。同时对于塔楼的截面形式，相关高耸结构风致响应研究结果表明，椭圆形截面在对抗流体时的阻力系数要比圆形和方形截面小得多，因此，塔楼截面可以采用椭圆形。

8.2.2　大底盘双塔结构受力特点

　　大底盘双塔结构是一种复杂的高层建筑结构，各个部分的内力和变形紧密相关，尤其在地震和荷载作用下，这种关联性表现得更为明显，其动力性能也比高层单塔结构更为复杂。

　　大底盘双塔结构的振动形式多样多变，除了有同向振型之外，还有反向振型，而且在高阶振型的情况下，结构的变形和内力均有很大的影响。不同的结构布置和结构刚度，也会影响结构在振动下产生的扭转效应，过大的扭转会使结构发生剪切破坏。范重和吴学敏在《带有双塔楼高层建筑结构动力特性分析》中通过严格的数学推导，得出了对称双塔结构的五种基本振型，如图 8.3 所示。

　　振型 1 和振型 2 分别为 X 方向和 Y 方向同向平动，振型参与系数不为 0，且左右塔楼平行分量相等。振型 3 和振型 4 分别为 X 方向和 Y 方向反向平动，左右塔楼平行振动分量相等、方向相反，振型参与系数为 0，且大底盘裙楼结构的位移和振型参与系数也为 0。振型 5 为扭转振型，其运动状态为上部塔楼结构转动分量相等、方向相反，大底盘裙

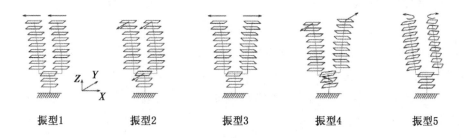

图 8.3　对称双塔结构的五种基本振型

楼结构位移、平行振动分量和振型参与系数均为 0。综合看之，塔楼的形式、间距、对称性以及上、下部结构的刚度之比均会影响此种结构的抗震性能。

8.2.3　高层建筑结构方案初步设计

综合前面对建筑形式的探讨，依据《高层建筑混凝土结构技术规程》(JGJ3—2010)和《建筑抗震设计规范》(GB 50011—2010)，使用中国建筑科学设计研究院开发的 V4.1 版 PKPM 设计软件建立建筑结构模型，本书中模型设计的主控指标为轴压比、剪重比、刚重比以及层间位移角。

(1)轴压比：指柱(墙)的轴压力设计值与柱(墙)的全截面面积和混凝土轴心抗压强度设计值乘积的比值，它反映了柱(墙)的受压情况。过大的轴压比会导致构件出现脆性破坏。因此控制柱(墙)轴压比十分重要。轴压比指标根据《建筑抗震设计规范》(GB 50011—2010)中 6.3.6，6.4.2 和 6.4.5 条来控制。

(2)剪重比：即最小地震剪力系数 λ，主要控制各楼层最小地震剪力。本书模型剪重比限值为 2.4%。

(3)刚重比：是影响重力二阶效应的主要参数，其为结构侧向刚度和重力荷载设计值之比。结构的稳定性与刚重比息息相关，如果刚重比过小，结构可能发生倾覆失稳。本书模型刚重比限值为 1.4。

(4)层间位移角：主要限制结构在正常使用情况下的水平位移，保证结构刚度。本书模型最大层间位移角限值为 1/800。

本书先按常规的钢筋混凝土(RC)框架-核心筒结构体系初步设计了如模型 1 的对称双塔大底盘结构，如图 8.4 所示。该建筑地上 33 层，裙房 5 层，每层高 3.2m；两个塔楼均为 28 层，每层层高 2.8m；地下 2 层地下室，每层 3.6m，总深 7.2m。上部结构总高度 94.4m，小于 7 度区 A 级该类结构最大适用高度 120m，内部混凝土核心筒自上而下贯通整个结构，核心筒平面尺寸 16.2m×33m。在该结构体系中，核心筒是整个结构的主要抗侧力构件，为了提高核心筒剪力墙的延性，核心筒的四大角及纵横墙交点处设置 H380×270×12×18 型钢柱。核心筒内设 8 部电梯和两个消防楼梯。由于建筑塔楼结构规则且贯通至底基层，因此不设转换层。楼面恒载 7kN/m²，屋面恒载 5kN/m²，楼屋面活载

2.5kN/m²，楼板按刚性假定处理，外框梁布置 8kN/m² 的梁间均布荷载以模拟建筑外表玻璃幕墙及幕墙框架重量。建筑基础采用均布桩筏基础，管桩采用 PHC 桩，桩径 φ800mm，桩端嵌入持力层。本建筑 7 度设防，设防地震分组为第三组，Ⅳ 类场地，外框架和核心筒剪力墙抗震等级均为一级。查询唐山地区基本风压，本书选取 100 年一遇基本风压 0.45kN/m²。各层主要构件参数表见表 8.2。首层结构布置图、单侧塔楼标准层结构布置图分别见图 8.5 和图 8.6。

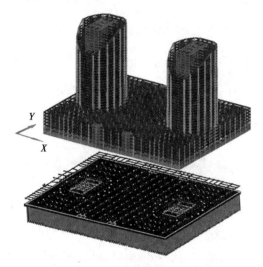

图 8.4 模型 1 整体结构图

表 8.2 模型 1 各层主要构件设计参数

层　数	塔边圆柱 R/m	主梁 b×h/m	核心筒剪力墙 b/m	混凝土等级
−2~5	2200	500×900 400×1200 500×1400	700	C60
6~11	2000	500×900 400×1200 500×1400	700	C50
12~19	1800	500×900 400×1200 500×1400	600	C50
20~25	1600	500×900 400×1200 500×1400	600	C45
26~29	1400	500×900 400×1200 500×1400	500	C40
30~33	1400	500×900 400×1200 500×1400	450	C40

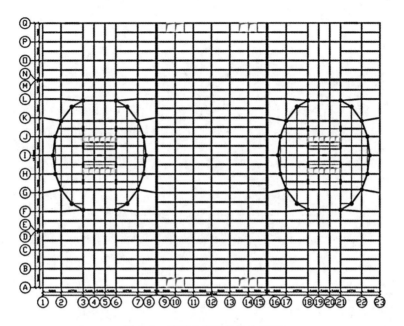

图 8.5　模型 1 首层结构布置图

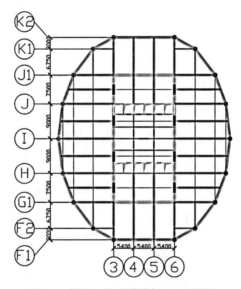

图 8.6　模型 1 单侧塔楼标准层结构图

通过 SATWE 分析计算，得到模型 1 结构基本塔在 X、Y 向地震和风荷载作用下的层间位移曲线，见图 8.7。

从图 8.7 中可以看出，模型结构在地震作用下有较大的层间位移，而在风荷载作用下层间位移较小。地震作用是引起结构位移的主要影响因素。X 向地震作用下产生的最大层间位移为 1/1007，发生在 22 层；Y 向地震作用下产生的最大层间位移为 1/1105，发生在 16 层。各层柱墙轴压比控制在规范限值内，其余主控指标结果见表 8.3。

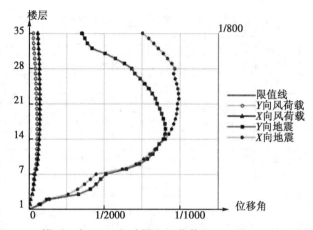

图8.7　模型1在 X、Y 向地震和风荷载作用下的层间位移曲线

表8.3　模型1主控指标

结构总质量/t		437507.45
周期 T_x，T_y，T_r/s		1.3871　1.3989　0.9547
周期比		0.68
首层柱最大轴压比		0.53<0.60
剪重比	X 向	5.52%
	Y 向	5.62%
刚重比	X 向	10.30
	Y 向	10.13

在满足主控指标的基础上，可以发现钢筋混凝土结构的柱截面尺寸较大，这显然会影响建筑平面的使用空间。较小的柱截面会使房间变得更宽敞通透。同时我们需要尽量减轻结构自重。

8.2.4　结构影响因素多方案优化设计

本研究的建筑结构需考虑自重、抗震、抗风等性能。为了解决钢筋混凝土结构的不足，有必要选择合理的结构体系和轻质高强材料，充分发挥材料的性能，从而减小自重，减弱对竖向结构和地基基础的作用。国内外学者针对提高高层建筑结构的抗震能力提出了使用轻质高强的水平结构体系以及型钢混凝土柱、钢管混凝土柱、型钢混凝土剪力墙等高性能构件。在这里，我们考虑使用型钢混凝土组合结构（SRC）。型钢混凝土组合结构不但具有钢结构建筑自重轻、延性好、截面尺寸好、施工进度快的特点，而且具有钢筋混凝土建筑结构刚度大、防火性能好、造价低等优点。建立模型2，把模型1中塔楼的框架柱按照轴向刚度等效的原则替换成十字形钢骨混凝土柱，其余构件不变。表8.4列出了模型2塔楼框架柱截面替换对照表，替换的型钢混凝土柱应符合以下约束条件。

型钢混凝土柱斜截面承载能力约束条件：

$$V_{c,\,max} \leqslant \frac{1}{\gamma_{RE}}\left[\frac{0.056}{\lambda-0.5}f_c b\,h_0 + \frac{1.3}{\lambda+1.5}f_{cw}t_w h_w + \frac{A_{sv}}{s}f_{yv}h_0 + 0.056N\right] \tag{8.1}$$

式中：$V_{c,\,max}$——框架柱截面最大的剪力，系按框架楼层剪力比例调整后的值；

$\quad h_0$——$h_0 = h - a$，h 为截面高度，a 为受拉钢筋重心至受拉区边缘的距离；

$\quad \lambda$——剪跨比；

$\quad f_{cw}$——型钢腹板的抗拉强度设计值；

$\quad f_{yv}$——箍筋抗拉强度设计值；

$\quad s$——水平箍筋间距；

$\quad \gamma_{RE}$——承载力抗震调整系数。

正截面承载力约束：

$$\frac{\partial_N}{\partial_{\varepsilon_c}}\Big|_{\varepsilon_c=\varepsilon_{ci}}=0,\ \frac{\partial_M}{\partial_{\varepsilon_c}}\Big|_{\varepsilon_c=\varepsilon_{ci}}=0 \tag{8.2}$$

式中：ε_c——混凝土的应变。当 $\varepsilon_{ci}=\varepsilon_{cu}$，发生材料破坏，如果 $\varepsilon_{ci}<\varepsilon_{cu}$，发生失稳破坏。

轴压比约束：

$$\mu_N = \frac{N}{f_c A + f_\alpha A_\alpha} \tag{8.3}$$

式中：N——考虑地震组合的柱轴向力设计值；

$\quad A$——扣除型钢后的混凝土截面面积；

$\quad f_c$——混凝土轴心抗压强度设计值；

$\quad f_\alpha$——型钢的抗压强度设计值；

$\quad A_\alpha$——型钢的截面面积。

表 8.4　模型 2 型钢混凝土柱截面尺寸替换表

钢筋混凝土柱 R/mm	型钢混凝土柱 R/mm	型钢/mm
1400	800	500×225×18×18
1600	1100	500×240×24×24
1800	1200	650×320×32×32
2200	1400	700×350×36×36
2400	1600	900×400×30×48

通过对模型 2 进行分析计算，得到模型 2 的各项主控指标。表 8.5 对比了模型 1 和模型 2 的各项主控指标。可以看出，选用型钢混凝土结构优化后，模型 2 的结构总质量得到减轻，减少了约 9.69%。替换的型钢混凝土柱也使原钢筋混凝土柱的截面尺寸减小 40% 左右，大大增加了建筑平面的使用空间。模型 2 的周期比也满足要求，但基本周期略大于模型 1，说明模型 2 在吸收地震力的作用方面要比模型 1 好一些，且地震影响系数略小。两个模型剪重比相差不大，说明核心筒作为结构的主要抗侧向荷载构件起到了关键性作用，由于核心筒没有改变，两个模型的抗剪能力基本相同。模型 2 的刚重比明显

小于模型1，说明替换型钢混凝土柱后结构的整体刚度有所降低。

表8.5　模型1、模型2主要计算结果

结构模型		模型1	模型2
结构总质量/t		437507.45	422907.05
周期 T_x，T_y，T_r/s		1.3871　1.3989　0.9547	1.3928　1.3889　0.9480
周期比		0.68	0.67
首层柱最大轴压比		0.53<0.60	0.63<0.75
剪重比	X 向	5.52%	5.84%
	Y 向	5.62%	5.97%
刚重比	X 向	10.30	10.14
	Y 向	10.13	10.18

图8.8给出了模型2基本塔在 X、Y 向地震作用和风荷载作用下的层间位移曲线。从图中可知，模型2在 X 向地震作用下产生的最大层间位移为1/942，发生在28层；在 Y 向地震作用下产生的最大层间位移为1/1046，发生在16层。对比图8.8可以看出，风荷载对结构的影响依旧比较小，层间位移曲线走势也基本一致。

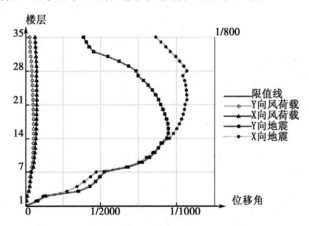

图8.8　模型2基本塔在 X、Y 向地震和风荷载作用下的层间位移曲线

通过上述对比可以发现，型钢混凝土框架-核心筒混合结构较常规的钢筋混凝土框架-核心筒结构拥有更好的性能，更能适应人工岛的特殊场地环境。因此结构形式选定为型钢混凝土框架-核心筒组合结构。为了选择更合适的建筑方案，本书进行了更深入的研究分析。结构布置的方式和合理性会极大地影响结构各个构件的传力机制，进而影响整个结构的力学性能。同时布置方式也会改变建筑平面空间的使用率，影响建筑的使用性能。所以选择合适的结构布置方式十分必要。由于章节有限，本书针对以上观点仅提出以下两个重要的影响因素，进一步分析结构的性能，从而选择最合适的建筑设计方案。

（1）核心筒尺寸：核心筒作为结构的主要抗侧向荷载构件，其尺寸的大小会影响整个结构的刚度。同时核心筒的剪力墙布置方式也会影响到建筑平面设计时的空间布局。

选择合适的核心筒尺寸, 既要保证结构的刚度指标, 又要满足工程建设的经济性和使用条件。本书基于模型 2 建立模型 3、模型 4 和模型 5, 改变核心筒的大小和布置方向, 分别探讨核心筒尺寸和布置方向对结构的影响。

(2) 框架柱间距: 在双重抗侧力结构体系中, 框架柱极大地影响着结构性能, 是该体系中一个重要的组成部分。框架柱间距的设置应当尽量同时满足平面空间的开阔以及结构合理与经济性的要求。由于层间位移角最小部位往往在建筑的中间层部位, 因此本书基于模型 2 分别建立模型 6 和模型 7, 仅改变上部塔楼的外框架柱间距, 对比分析外框架柱的间距及稀密程度对结构的影响。

各模型研究变量具体描述见表 8.6, 各模型塔楼标准层结构见图 8.9。

表 8.6 模型变量对比表

模型	变量因素	变量描述	核心筒尺寸	框架柱间距
模型 2	—	—	16.2m×33m	90.73m
模型 3		加大核心筒尺寸	27.2m×33m	90.73m
模型 4	核心筒尺寸	减小核心筒尺寸	16.2mm×18mm	90.73m
模型 5		改变核心筒长轴方向	27.2m×18m	90.73m
模型 6	框架柱间距	减小外框架柱间距	16.2m×33m	45.37m
模型 7		加大外框架柱间距	16.2m×33m	169.78m

注: 由于结构平面为椭圆形, 外框架柱间距不是统一值, 外框架柱间距仅以位于椭圆短轴线上的柱与其两侧的柱的直线间距表示。

再通过 SATWE 对上述模型进行振型分解反应谱分析, 得出主要计算结果, 并对上述变量分别进行影响对比。

(a) 模型 3 单侧塔楼标准层结构图

(b) 模型 4 单侧塔楼标准层结构图

(c) 模型 5 单侧塔楼标准层结构图

(d) 模型 6 单侧塔楼标准层结构图

（e）模型 7 单侧塔楼标准层结构图

图 8.9   模型塔楼标准层结构图对比

8.2.5   核心筒尺寸及布置方式的影响

表 8.7 中给出了模型 2 至模型 5 的各主控指标。

表 8.7   模型 2 至模型 5 各主控指标主要计算结果

结构模型		模型 2	模型 3	模型 4	模型 5
结构总质量/t		422907.05	458570.52	417541.71	445086.08
周期 T_x, T_y, T_r/s		1.39 1.39 0.95	1.04 1.11 0.65	1.64 1.80 1.24	1.17 1.71 0.90
周期比		0.67	0.58	0.68	0.53
首层柱最大轴压比		0.63<0.75	0.62<0.75	0.83>0.75	0.83>0.75
剪重比	X 向	5.84%	7.12%	4.97%	6.26%
	Y 向	5.97%	6.99%	5.11%	5.41%
刚重比	X 向	10.14	18.12	7.29	13.86
	Y 向	10.18	15.65	5.55	6.54

由于 X 向、Y 向刚度的变化，使得结构的振型发生改变。原本模型 2 的第一阶振型为对比模型 2、模型 3 和模型 4，可以发现增大核心筒尺寸后，结构的剪重比和刚重比明显加大，而减小核心筒尺寸使得剪重比和刚重比大幅减小，这表示了核心筒对于结构整体刚度的重要性。

同时，可以发现，刚重比在 X 向和 Y 向的增减幅度不一样，向 X 向扩大一跨核心筒尺寸，结构刚重比在 X 向的增幅要比 Y 向大，而向 Y 向缩小一跨核心筒尺寸，结构刚重比在 Y 向的减幅要比 X 向大，对比模型 3 和模型 4 的刚重比则发现，双向的刚重比增减幅度基本相同，说明核心筒尺寸的单向改变主要影响该向的刚度，主要是因为核心筒的剪力墙属于抗侧向力构件，增加该侧的剪力墙长度，即增加了该方向的抗水平力能力。关于这点亦可以从模型 2 和模型 5 的对比中看出，两模型唯一的区别即核心筒长短轴方向的调换，为了适应结构布置，核心筒尺寸略有调整，但总占平面率基本一致。模型 5 中 X 向刚重比增加而 Y 向刚重比减小，使模型 2 中原本双向相等的刚度出现差异化。

X 向平动，而模型 3~模型 5 均为 Y 向平动。由于模型 2 的 Y 向刚度大于 X 向，模型 3~模型 5 刚度均为 X 向大于 Y 向，刚度小的一侧更容易发生水平振动，因此，核心筒的布置方式会影响结构的主阵型方向。

从图 8.10 中可以看出,模型 4 的层间位移角超过了限值,不满足安全要求,其他模型均在限值范围内,且模型 3 的层间位移最小。但模型 3 的最大层间位移角为 1/1374,距离限值有些多,显得太浪费材料,经济技术指标较差。

而模型 2 和模型 5 由于核心筒长轴方向的调换,使得结构的较强刚度方向也发生改变,但从图 8.11 中可以发现,两模型在 X 向的顶层位移相差并不大,改变核心筒长轴方向布置对结构楼层位移的影响很小。

然而,模型 5 的首层柱轴压比存在超限,说明核心筒的布置方式会影响到梁板柱的内力分配。经过对比,模型 2 的核心筒尺寸和布置方式更为合理。

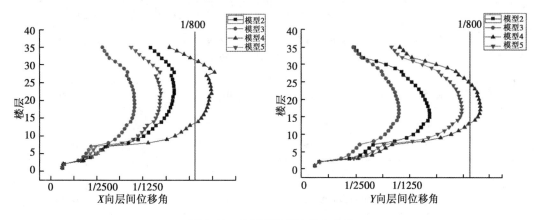

图 8.10　各模型层间位移角曲线

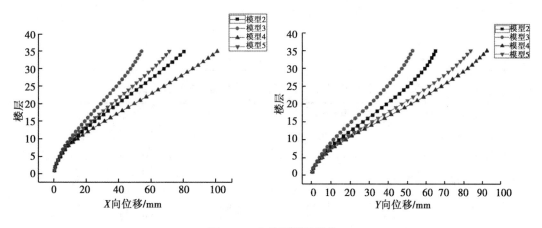

图 8.11　各模型楼层位移

8.2.6　框架柱间距的影响

为了在计算中满足结构位移,框架承担剪力、柱轴压比等相关限值,框架梁、柱的尺寸作了相应调整,框架柱尺寸的调整尽量使柱总截面面积相近。调整的参数见表 8.8 和

表8.9。模型的计算结果见表8.10。从表8.10中各模型的主控指标对比来看，三个模型的结构周期基本相同，且剪重比和刚重比也较为接近，整体刚度相差不大。框架柱的尺寸改变基本不对结构整体刚度产生影响，主要影响因素还是核心筒。从图8.12和图8.13中可以看出，各模型的层间位移角和楼层位移曲线也基本吻合。

表8.8　框架梁尺寸　　　　　　　　　　　　　　　　　　　　单位:mm

模型	模型2	模型6	模型7
外框架梁	500×900	250×400	700×1400

表8.9　框架柱尺寸　　　　　　　　　　　　　　　　　　　　单位:mm

层数		模型2	模型6	模型7
−2~5	柱截面直径	1600	1200	2000
	柱内置型钢	900×400×30×48	630×300×24×24	900×480×50×50
6~11	柱截面直径	1400	1000	1800
	柱内置型钢	700×350×36×36	600×270×20×20	860×420×46×46
12~19	柱截面直径	1200	800	1500
	柱内置型钢	650×320×32×32	500×240×16×16	790×400×42×42
20~25	柱截面直径	1100	720	1300
	柱内置型钢	500×240×24×24	400×200×14×14	700×380×36×36
26~29	柱截面直径	800	550	900
	柱内置型钢	500×225×18×18	300×160×8×8	590×270×28×28
30~33	柱截面直径	800	550	900
	柱内置型钢	500×225×18×18	300×160×8×8	590×270×28×28

表8.10　模型2、模型6、模型7各主控指标主要计算结果

结构模型		模型2	模型6	模型7
结构总质量/t		422907.05	411231.03	432496.48
周期 T, T, T_t/s		1.39, 1.39, 0.95	1.44, 1.39, 0.97	1.46, 1.41, 0.97
周期比		0.67	0.67	0.66
首层柱最大轴压比		0.63<0.75	0.60<0.75	0.74<0.75
剪重比	X向	5.84%	5.79%	5.73%
	Y向	5.97%	6.00%	5.96%
刚重比	X向	10.14	9.26	9.44
	Y向	10.18	10.02	10.24

通过构件截面的调整，三个模型的整体结构性能几乎没有差别，仅仅在材料用量上有所差异。从表8.10的结构总质量对比上可以发现，模型6的总质量是最轻的，材料用

量最少。但考虑到建筑的采光性能和外表面的玻璃幕墙安装，较小的柱间距会妨碍开窗空间，故模型 2 的柱间距更为合适。

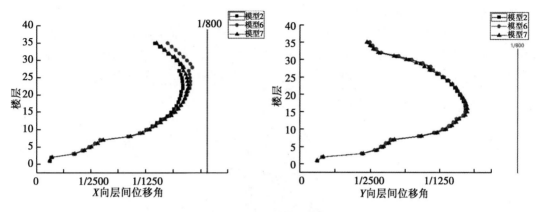

图 8.12 各模型层间位移角曲线

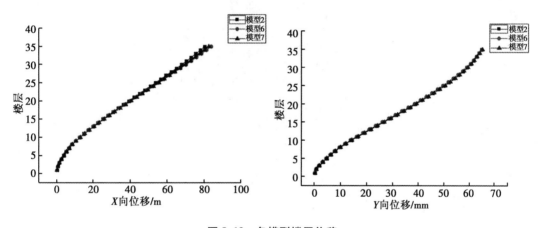

图 8.13 各模型楼层位移

8.3 滩浅海采油人工岛高层建筑最终方案及其验算

8.3.1 建筑最终方案选择

模型 2 至模型 7 这六个方案在 X 向的刚重比均大于等于 1.4，满足《高层建筑混凝土结构技术规程》(JGJ3—2010)(以下简称《规程》)第 5.4.4 条中整体稳定验算要求。同时这六个方案在 Y 向的刚重比均大于等于 2.7，满足《规程》第 5.4.1 条规定，可不考虑重力二阶效应。综合上述各方案的对比结果，综合考虑建筑结构自重、结构刚度、建筑使用性能、经济指标等主要控制因素，最终确立模型 2 的建筑形式为滩浅海采油人工岛高层建筑的选用方案。

由于大底盘多塔结构属于复杂结构，根据《规程》中关于多塔结构计算的规定，宜分别建立结构整体模型和分塔模型，两者进行独立计算，结构设计时选取较不利的结果。在对整体模型进行塔楼分割时，若塔楼周边的裙楼超过两跨，宜至少附带两跨裙楼结构。本建筑属于双塔结构，且两个塔的结构体系、结构布置、高度均相同，因此，作为模型 2 的补充计算，本书中的分塔离散模型将取模型 2 左侧塔楼并带周边两跨裙楼来进行分析计算。塔楼离散模型结构图如图 8.14 所示。对离散模型进行 SATWE 振型分解反应谱法计算，可以对比分析其与整体模型的差异。

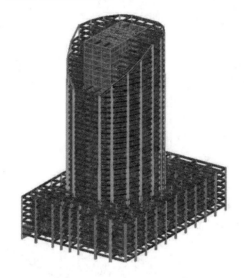

图 8.14　离散模型结构图

8.3.2　振型及周期影响分析

双塔整体模型塔与单塔离散模型的前 12 阶振型周期对比如表 8.11 所示。由表可知，两模型的周期基本一致，但随着振型数的增大，离散模型的周期削减速度要比整体模型快。

表 8.11　整体模型、离散模型振型前阶周期对比表　　　　　　单位:s

振型	整体模型	离散模型
1	1.3928	1.4526
2	1.3918	1.4238
3	1.3511	1.0718
4	1.1954	0.4720
5	0.9481	0.4179
6	0.9255	0.3868
7	0.4583	0.2813
8	0.4347	0.2532
9	0.3835	0.2094

图 8.15 和图 8.16 分别给出了整体模型和离散模型的前 9 阶振型图，对比分析可以得到以下结论。

① 从图 8.15 中可以看出整体模型双塔的振动是同步的，且振幅基本相同。在产生 X 向平动的第一阵型，产生 Y 向平动的第二振型，产生扭转的第五阵型这三个主要振型中，两个塔楼的振动还是同向的。

② 从图 8.15 和图 8.16 中可以看出，两模型前两阶振型均为 X 向平动和 Y 向平动，而扭转振型分别为第五振型和第三振型。说明双塔结构的振型要比单塔结构更为复杂，更多样，且双塔有较明显的平扭耦联作用。

③ 从图 8.15 和图 8.16 中可以看出，两模型的前两阶振型振幅相似，且根据表 8.11，两模型的第一振型和第二振型的周期相近。这是由于两个塔在刚度上相等以及在平动振动时的对称性，两塔在同步振动时，下部大底盘没有对双塔起约束作用。

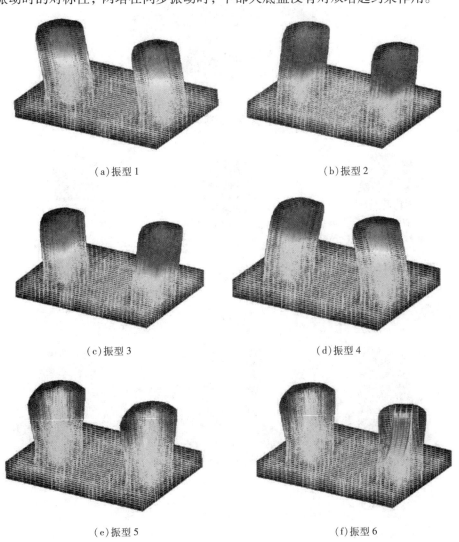

(a) 振型 1　　　　　　　　　　　　　(b) 振型 2

(c) 振型 3　　　　　　　　　　　　　(d) 振型 4

(e) 振型 5　　　　　　　　　　　　　(f) 振型 6

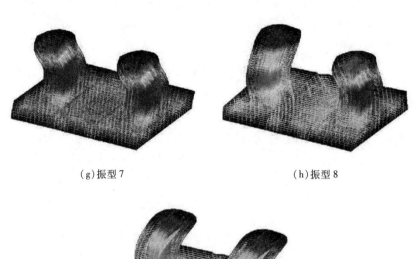

(g)振型 7　　　　　　　　　　(h)振型 8

(i)振型 9

图 8.15　整体模型前 9 阶振型图

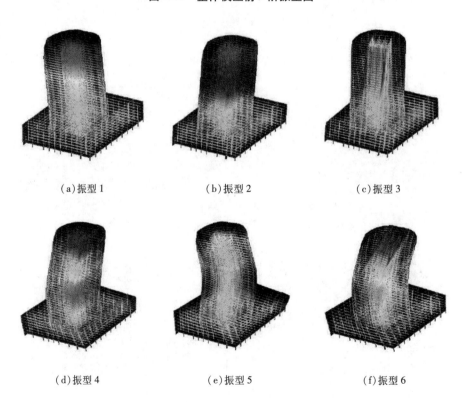

(a)振型 1　　　　　(b)振型 2　　　　　(c)振型 3

(d)振型 4　　　　　(e)振型 5　　　　　(f)振型 6

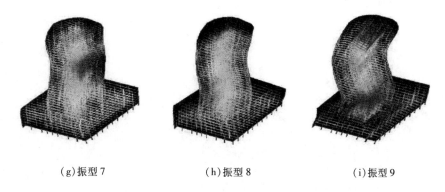

(g) 振型 7　　　　　　(h) 振型 8　　　　　　(i) 振型 9

图 8.16　离散模型前 9 阶振型图

④ 从图 8.15 的第 1 振型图和第 4 振型图可以看出，双塔结构在 X 向平动上存在双塔同向平动和双塔反向平动两种振动形态，同样也可以从第 2 振型图和第 4 振型图中发现双塔结构在 Y 向平动上存在双塔同向平动和双塔反向平动两种振动形态。

⑤ 从图 8.15 和图 8.16 中可以看出，振型阶数越高结构的振动形态越复杂，且结构平动和扭动同时发生。

8.3.3　内力及位移影响分析

两个模型的楼层位移、层间位移角、结构剪力、倾覆力矩对比图分别见图 8.17 至图 8.20。从图中可知，两模型的楼层位移和层间位移角走势基本相同，且最大层间位移角均为 X 向 1/950，Y 向 1/1072，顶点位移也十分接近。

两模型裙楼以上部分的剪力和倾覆力矩也基本相同，但是在模型第 7 层(即结构地上第 5 层)处整体模型的剪力和倾覆力矩出现了突变，这是由于整体模型中裙楼的存在，使得结构的抗侧刚度发生突变，而裙楼的抗侧刚度一般较大，楼层剪力会通过楼板和框架梁集中到裙楼上。这也使得整体模型的剪力和倾覆力矩在塔楼和裙楼连接处猛然增大。

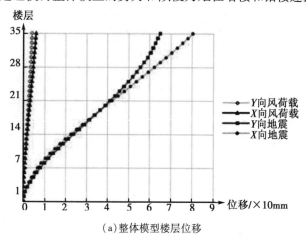

(a) 整体模型楼层位移

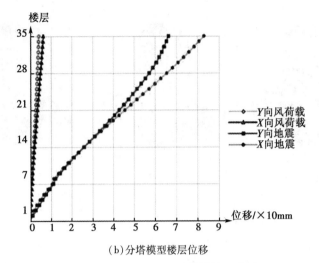

（b）分塔模型楼层位移

图 8.17　整体模型与离散模型楼层位移

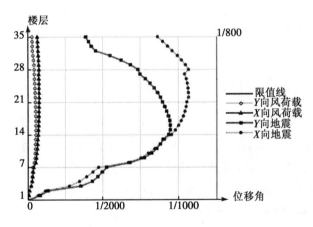

（a）整体模型层间位移角

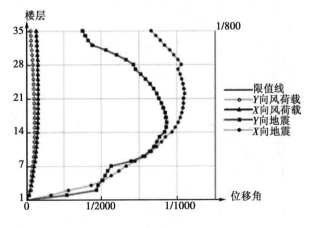

（b）分塔模型层间位移角

图 8.18　整体模型与离散模型层间位移角

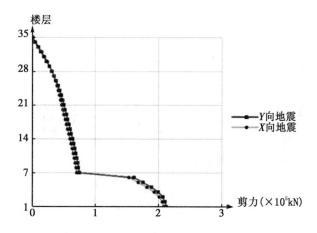

（a）整体模型楼层结构剪力

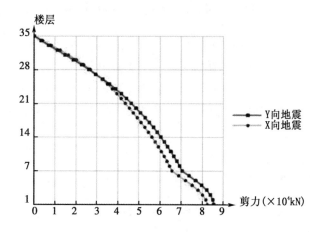

（b）分塔模型楼层结构剪力

图 8.19　整体模型与离散模型楼层结构剪力

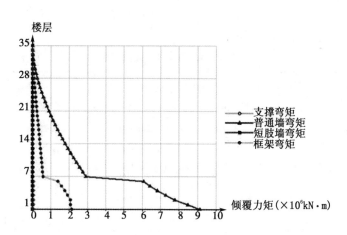

（a）整体模型 X 向静震倾覆力矩

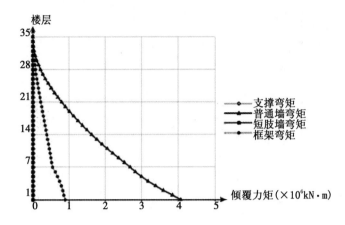

（b）分塔模型 X 向静震倾覆力矩

图 8.20　整体模型与离散模型倾覆力矩

离散模型由于附带了两跨裙楼，也有一些突变。而两模型在模型底层到第 7 层的剪力和倾覆力矩的走势也大体相同。从图 8.18 至图 8.20 可以发现，墙体所承受的弯矩要远大于其他构件，这主要是由于核心筒剪力墙为结构的最主要抗弯构件，其承担了大部分弯矩。离散模型的最大基底剪力是整体模型的 39.2%，总倾覆弯矩是整体模型的 45.5%。

8.3.4　结构嵌固位置分析

结构设计中，结构嵌固端对于计算模型是一个非常重要的假定。结构嵌固端一般为地下室顶板或基础顶板，根据《建筑抗震设计规范》（GB50011—2010）第 6.1.14 条规定，当地下室顶板作为上部结构嵌固部位时，地上一层的侧向刚度不宜大于相关范围地下一层侧向刚度的 0.5 倍。表 8.12 给出了整体模型和分塔模型分析计算得出的结构嵌固端侧向刚度比。

表 8.12　结构嵌固端侧向刚度比

模型	方向	地上一层侧向刚度/(kN·m⁻¹)	地下一层侧向刚度/(kN·m⁻¹)	地下二层侧向刚度/(kN·m⁻¹)	地上一层/地下一层刚度比	地下一层/地下二层刚度比
整体模型	X	8.42e+08	1.21e+09	1.24e+09	0.70	0.98
	Y	6.92e+08	1.03e+09	1.03e+09	0.67	1.00
分塔模型	X	3.54e+08	2.96e+08	2.96e+08	1.20	1.00
	Y	3.02e+08	4.41e+08	4.41e+08	0.68	1.00

通过表 8.12 可以发现，地上一层与地下一层的刚度比均大于 0.5，因此地下室顶板不宜作为上部结构嵌固端，本结构的嵌固端应选为基础顶面。在后面的弹塑性分析中，弹塑性分析模型应包含地下室。

8.4　对比分析

本章通过拟建场地条件和建筑使用要求，对冀东油田人工岛上高层建筑选型进行了探讨，并最终确定了框架-核心筒结构的基本结构形式。在此基础上，本书按照我国现行规范初步设计了 RC 框架-核心筒结构并建立模型进行结构分析，针对初步设计分析显示的不足，又建立了 6 个模型分别从使用型钢混凝土柱、核心筒尺寸及布置方式、框架柱间距三个角度研究不同因素对结构性能的影响，并对结构进一步优化设计，进而选定了最终的建筑方案，并对其分析验算。在此过程中得出以下结论。

（1）将初步设计的 RC 框架-核心筒方案中塔楼的框架柱全部替换成型钢混凝土柱后，结构的自振周期、剪重比、刚重比、层间位移角等主控指标数据相差较小。SRC 框架-核心筒方案的最大层间位移角略大于 RC 框架-核心筒方案，但都在安全限值内，且替换后结构的总重量大大减小，柱截面尺寸也减小约 40%，增大了建筑平面使用空间。

（2）核心筒尺寸的改变主要影响结构的整体刚度，而且核心筒单方向的尺寸改变也主要影响该方向上的刚度。由于两个方向刚度上的不同，不同核心筒的布置方式会影响结构的主振型方向，刚度小的方向更易发生水平振动。分析表明，过小的核心筒尺寸会使结构整体刚度不足导致层间位移角超限，过大的核心筒尺寸会造成材料上的浪费。通过比较，选定核心筒尺寸为 16.2m×33m 的方案。在使柱总截面面积相近的原则下调整框架柱间距，发现各指标基本相近，表明框架柱间距的改变对结构整体性能的影响并不大，仅在材料用量上有所差异。

（3）综合对比 7 种方案的各方面性能，确定仅替换型钢混凝土柱的 SRC 框架-核心筒方案为最终方案，并进一步对最终方案进行整体模型与分塔模型的对比验算分析，进而确定了结构嵌固端位置。经分析得知最终方案满足结构第一阶段设计要求。

第9章 滩浅海人工岛高层建筑地震风暴响应研究

对于高层建筑而言，检验其抗震和抗风设防性能是一个必要的环节，而滩浅海采油人工岛上构筑的高层建筑由于其特殊的场地环境和使用要求，更需要建筑结构具备良好的抗震抗风能力。本章将运用时程分析法和等效静力风荷载相关理论，对选定的建筑方案进行有限元模型动力耦合响应分析，研究滩浅海采油人工岛上的建筑结构在地震和风暴动力作用下的应力-应变状态。

9.1 滩浅海采油人工岛高层建筑地震动力响应分析

9.1.1 时程分析理论

（1）线弹性时程分析理论。以时间函数的形式将动力作用引入微分方程，每个时刻的动态响均应通过相应的积分方法得到，这是时程分析方法与反应谱分析方法的主要区别。时程分析的关键是积分方法，主要分为直接积分和模态积分。常见的直接积分法有Newmark-β法和Wilson-θ法，其本质是在一系列时间间隔内求解平衡方程。

① Newmark-β法。该方法是先在时间域上离散结构反应和激励荷载项，并逐步求解，即已知t_k时刻系统的响应和力的所有信息，递推求解t_{k+1}时刻相应物理量（位移、速度和加速度等），通过联立积分形式的方程求解。

单自由度系统的动力微分方程为：

$$\ddot{x}(t) + 2\xi\omega_n\dot{x}(t) + \omega_n^2 x(t) = F_e(t)/m \tag{9.1}$$

联立另两个积分式：

$$\dot{x}(t) = \frac{\mathrm{d}x(t)}{\mathrm{d}t}, \ \ddot{x}(t) = \frac{\mathrm{d}\dot{x}(t)}{\mathrm{d}t} = \frac{\mathrm{d}^2 x(t)}{\mathrm{d}t^2} \tag{9.2}$$

考虑到求解精度的要求，式（9.2）采用积分的形式来求解，即式（9.2）可转化为：

$$\dot{x}(t) = \dot{x}(t_0) + \int_{t_0}^{T}\ddot{x}(s)\mathrm{d}s, \ x(t) = x(t_0) + \int_{t_0}^{T}\dot{x}(s)\mathrm{d}s \tag{9.3}$$

式（9.3）进一步改写成在时刻t_k和t_{k+1}区段的积分形式：

$$\dot{x}_{k+1} = \dot{x}_k + \int_{t_k}^{t_{k+1}} \ddot{x}(s)\,\mathrm{d}s, \ x_{k+1} = x_k + \int_{t_k}^{t_{k+1}} \dot{x}(s)\,\mathrm{d}s \tag{9.4}$$

为了将函数离散化，需要将连续的加速度函数 $\ddot{x}(t)$ 离散化，结构工程中常用的离散化方法有恒加速度法、恒平均加速度法和线性加速度法。

a. 恒加速度法。假设在时间区间 t_k 到 t_{k+1} 内加速度为常数，在整个时间区间内加速度的取值 t_k 时刻的加速度。即有：

$$\dot{x}_{k+1} = \dot{x}_k + \int_{t_k}^{t_{k+1}} \ddot{x}(s)\,\mathrm{d}s = \dot{x}_k + \ddot{x}_k \Delta t \tag{9.5}$$

$$x_{k+1} = x_k + \int_{t_k}^{t_{k+1}} \dot{x}(s)\,\mathrm{d}s = x_k + \int_{t_k}^{t_{k+1}} \left[\dot{x}_k + \ddot{x}_k(t - t_k) \right]\mathrm{d}s \tag{9.6}$$

$$= x_k + \dot{x}_k \Delta t + \frac{1}{2}\ddot{x}_k(\Delta t)^2$$

b. 恒平均加速度法。假设在时间区间 t_k 到 t_{k+1} 内加速度为常数，且加速度的值等于 t_k 到 t_{k+1} 时刻加速度的平均值。类似的有：

$$\dot{x}_{k+1} = \dot{x}_k + \frac{1}{2}\ddot{x}_k \Delta t + \frac{1}{2}\ddot{x}_{k+1}\Delta t \tag{9.7}$$

$$x_{k+1} = x_k + \dot{x}_k \Delta t + \frac{1}{4}\ddot{x}_k(\Delta t)^2 + \frac{1}{4}\ddot{x}_{k+1}(\Delta t)^2 \tag{9.8}$$

c. 线性加速度法。假设在时间区间 t_k 到 t_{k+1} 内加速度呈线性变化，类似的有：

$$\dot{x}_{k+1} = \dot{x}_k + \frac{1}{2}\ddot{x}_k \Delta t + \frac{1}{2}\ddot{x}_{k+1}\Delta t \tag{9.9}$$

$$x_{k+1} = x_k + \dot{x}_k \Delta t + \frac{1}{4}\ddot{x}_k(\Delta t)^2 + \frac{1}{6}\ddot{x}_{k+1}(\Delta t)^2 \tag{9.10}$$

Newmark-β 法是上述三种情况的统一，即瞬时方程的形式为：

$$\ddot{x}_{k+1} + 2\xi \omega_n \dot{x}_{k+1} + \omega_n^2 x_{k+1} = F_{k+1}/m \tag{9.11}$$

$$\dot{x}_{k+1} = \dot{x} + (1-\delta)\ddot{x}\Delta t + \delta \ddot{x}_{k+1}\Delta t \tag{9.12}$$

$$x_{k+1} = x_k + \dot{x}_k \Delta t + \left(\frac{1}{2} - \alpha\right)\ddot{x}_k(\Delta t)^2 + \alpha \ddot{x}_{k+1}(\Delta t)^2 \tag{9.13}$$

F_{k+1} 是连续函数 $F_e(t)$ 的离散形式。需要注意的是，上述连续的加速度函数离散化的方法，可根据式(9.11)～式(9.13)分别概括为如下三种情况：

● 恒加速度法：$\delta = 0$，$\alpha = 0$；

● 恒平均加速度法：$\delta = 1/2$，$\alpha = 1/4$；

● 线性加速度法：$\delta = 1/2$，$\alpha = 1/6$；

可以发现，在恒平均加速度和线性加速度方法中，等式右边不仅包含 t_k 时刻的信息，还包含 t_{k+1} 时刻的信息，这样会给递推运算带来麻烦。因此将式(9.12)和式(9.13)代入到式(9.11)，整理简化得：

$$\ddot{x}_{k+1} = -\frac{\omega_n^2}{\beta}x_k - \frac{(2\xi\omega_n+\omega_n^2\Delta t)}{\beta}\dot{x}_k - \left(\frac{\gamma}{\beta}\right)\ddot{x}_k + \frac{F_{k+1}}{m\beta} \tag{9.14}$$

$$\beta = \left[1+2\xi\omega_n\delta\Delta t+\omega_n^2\alpha(\Delta t)^2\right] \tag{9.15}$$

$$\gamma = 2\xi\omega_n(1-\delta)\Delta t+\omega_n^2\left(\frac{1}{2}-\alpha\right)(\Delta t)^2 \tag{9.16}$$

此时，利用式(9.14)代入到式(9.12)和式(9.13)可得：

$$\ddot{x}_{k+1} = -\frac{\omega_n^2}{\beta}x_k - \left[1-\frac{(2\xi\omega_n+\omega_n^2\Delta t)}{\beta}\right]\dot{x}_k + \left[\frac{\beta\Delta t-\delta(\beta+\gamma)\Delta t}{\beta}\right]\ddot{x}_k + \frac{F_{k+1}\delta\Delta t}{m\beta} \tag{9.17}$$

$$x_{k+1} = \left[\frac{\beta-\omega_n^2\alpha(\Delta t)^2}{\beta}\right]x_k + \left[\frac{\beta\Delta t-2\xi\omega_n\delta(\Delta t)\omega_n^2\alpha(\Delta t)^2+\omega_n^2\alpha(\Delta t)^3}{\beta}\right]\dot{x}_k +$$

$$\left[\frac{0.5\beta(\Delta t)^2-\alpha(\beta+\gamma)(\Delta t)^2}{\beta}\right]\ddot{x}_k + \frac{F_{k+1}\alpha(\Delta t)^2}{m\beta} \tag{9.18}$$

研究结果表明：减少积分时间步长将提高计算精度，通常取 $\Delta t \leq T_n/10$ 就可以得到非常精确的数值结果。在结构地震反应数值分析时，一般取时间步长为 0.01s 或 0.02s。

② Wilson-θ 法。该方法是假设当时间从 t 增加到 $t+\theta\Delta t$ 时，加速度线性变形。Newmark-β 方法本身并不是无条件稳定的，为了消除真实解附近不稳定解的震荡，主要是利用系数 θ 值来修改时间步长。θ 通常不为整数，且大于 1.0，如果等于 1.0，就是 Newmark-β 方法。根据这一假设，可将式(9.12)和(9.13)中 Δt 换成 $\theta\Delta t$，即有：

$$\dot{x}_{k+1} = \dot{x} + (1-\delta)\ddot{x}\theta\Delta t+\delta\ddot{x}_{k+1}\theta\Delta t \tag{9.19}$$

$$x_{k+1} = x_k + \dot{x}_k\theta\Delta t+\left(\frac{1}{2}-\alpha\right)\ddot{x}_k(\theta\Delta t)^2+\alpha\ddot{x}_{k+1}(\theta\Delta t)^2 \tag{9.20}$$

系数 θ 有助于在系统高阶振型中去除数值阻尼。需要注意的是：动力平衡方程在 t_k 和 $t+\theta\Delta t$ 时刻成立，则动力平衡方程式在 $t+\theta\Delta t$ 时刻将自动成立。且当 $\theta\geq1.37$ 时，获得稳定的数值计算结果，一般取 1.4。

(2)非线性时程分析理论。大多数结构动态响应发生非线性变形一般发生在结构或所有结构构件超过屈服极限时。通过迭代求解可以解决结构动力学非线性问题。

对于一个具有非线性刚度的单自由度系统，在 t_k 时刻的运动微分方程可表示如下：

$$m\ddot{x}_k+c\dot{x}_k+F_s(x_k) = F_k \tag{9.21}$$

式中，$F_s(x_k)$ 表示第 k 步的非线性恢复力，其余符号意义同前。则在 t_{k+1} 时刻，有下式成立：

$$m\ddot{x}_{k+1}+c\dot{x}_{k+1}+F_s(x_{k+1}) = F_{k+1} \tag{9.22}$$

上两式相减得：

$$m(\ddot{x}_{k+1}-\ddot{x}_k)+c(\dot{x}_{k+1}-\dot{x}_k)+F_s(x_{k+1}-x_k) = F_{k+1}-F_k \tag{9.23}$$

令，$\Delta\ddot{x}=\ddot{x}_{k+1}-\ddot{x}_k$，$\Delta\dot{x}=\dot{x}_{k+1}-\dot{x}_k$，$\Delta F_s=F_s(x_{k+1}-x_k)$，$\Delta F=F_{k+1}-F_k$，则上述增量方程

表示为：

$$m\Delta\ddot{x}+c\Delta\dot{x}+\Delta F_s=\Delta F \tag{9.24}$$

若在$t_k\rightarrow t_{k+1}$时段，结构上的力与位移之间的变化关系为线性关系，则有下式成立：

$$F_s(x_{k+1})=F_s(x_k)+\frac{F_s(x_{k+1})-F_s(x_k)}{x_{k+1}-x_k}(x_{k+1}-x_k) \tag{9.25}$$

由式(9.23)可定义割线刚度：$k_s=\dfrac{F_s(x_{k+1})-F_s(x_k)}{x_{k+1}-x_k}=\dfrac{\Delta F_s}{\Delta x}$，则上述增量平衡微分方程可表示为：

$$m\Delta\ddot{x}+c\Delta\dot{x}+k_s\Delta x=\Delta F \tag{9.26}$$

可以看出，上述增量微分方程可在切线刚度已知的情况下精确求解。但是实际求解时由于t_{k+1}时刻的位移x_{k+1}未知，因此切线刚度也未知。所以，需对k_s进行相应的假设才能具体分析求解。

9.1.2　地震波选取

根据《建筑抗震设计规范》(GB 50011—2010)第5.1.2条规定，当采用线弹性时程分析方法计算多遇地震作用下的结构变形时，在波形数量上，应按照场地类别和设计地震分组至少取两组天然波和一组人工波。因为本结构的拟建地区地震动反应谱特征周期为0.90s，根据所选地震波的卓越周期应尽可能与拟建场地的特征周期一致的原则，本书所选择的两组天然波和一组人工波的特征周期均为0.90s，图9.1至图9.3为各波主方向的波形图，图9.4为各地震波加速度谱与规范谱的对比图。

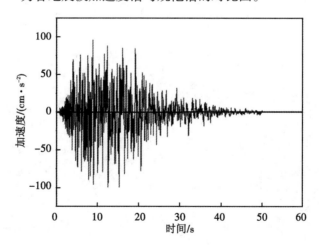

图9.1　RH2TG090波(人工波，特征周期＝0.90s)

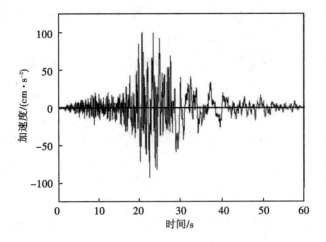

图 9.2　SHW4 波（天然波，特征周期＝0.90s）

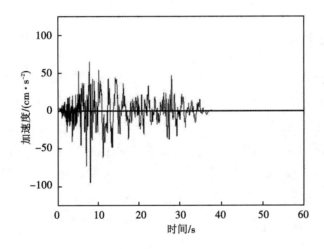

图 9.3　TH012TG090 波（天然波，特征周期＝0.90s）

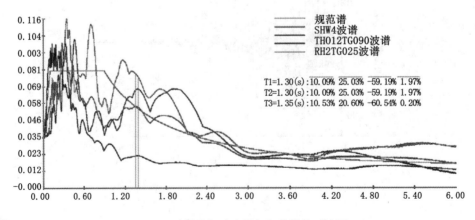

图 9.4　地震波加速度谱与规范谱的对比图

而在计算罕遇地震作用下的结构变形时，通常采用弹塑性时程分析方法，该方法中地震波的选取规则与弹性时程分析方法存在振型分解反应谱计算结果作为选波依据有所不同，类似于以振型分解反应谱的结果作为选波依据的选波方法并没在罕遇地震所对应的弹塑性动力时程分析方法中说明。杨志勇、黄吉峰、邵弘等人在关于时程分析法若干问题的研究中建议罕遇地震下弹塑性时程分析法地震波的选取应根据弹性时程分析法中的选波来进一步确定。

地震波的合适与否会极大地影响弹塑性时程地震动力响应的正确程度，进而影响到结构的抗震性能分析合理准确性。根据《建筑抗震设计规范》（GB 50011—2010），所选取的单条地震波在罕遇地震作用下弹塑性时程分析时应满足以下要求：

（1）特征周期与场地特征周期 T_g 接近；

（2）最大峰值符合规范要求（7度为220Gal），见表9.1；

（3）地震有效持续时间为结构第一周期的 5~10 倍；

（4）选取的地震波对应的加速度反应谱在结构各周期点上与规范反应谱相差不超过20%。

计算罕遇地震作用时，特征周期应在表9.2基础上增加0.05s。

表 9.1　时程分析所用地震加速度最大值　　　　　　　单位：cm/s^2

地震影响	6度	7度	8度	9度
多遇地震	18	35(55)	70(110)	140
设防地震	150	100(150)	200(300)	400
罕遇地震	125	220(310)	400(510)	620

注：括号内数值分别用于设计基本地震加速度为 0.15g 和 0.30g 的地区。

表 9.2　特征周期值 T_g　　　　　　　单位：s

设计震分组	场地类别				
	I$_0$	I$_1$	II	III	IV
第一组	0.20	0.25	0.35	0.45	0.65
第二组	0.25	0.30	0.40	0.55	0.75
第三组	0.30	0.35	0.45	0.65	0.90

在此基础上，为了更真实地模拟本结构在罕遇地震作用下的弹塑性响应，本书另取第7章中所用到的天津宁河地震波（见图7.2、图7.3）来对结构进行地震作用的计算。为了尽可能满足时程分析法对地震波的选取要求，使两条地震波加速度最大峰值符合规范要求，人为对其进行放大。放大比例系数分别为 2.11 和 1.50。两条地震波与规范谱地震影响系数对比见图9.5。

9.1.3　阻尼调整系数

对于建筑结构地震影响系数曲线的阻尼调整和形状参数，《建筑抗震设计规范》（GB 50011—2010)第5.15条给出了下列要求：

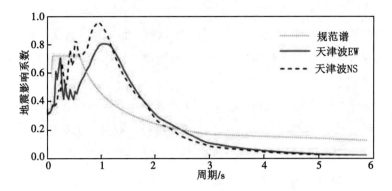

图 9.5　天津波与规范谱地震影响系数曲线

（1）除专门规定外，建筑结构的阻尼比应取 0.05，地震影响系数曲线的阻尼调整系数应按 1.0 采用，形状参数应符合下列规定（见图 9.6）：

① 直线上升段，周期小于 0.10s 的区段；

② 水平段，自 0.10s 至特征周期区段，应取最大值（α_{max}）；

③ 曲线下降段，自特征周期至 5 倍特征周期区段，衰减指数应取 0.90；

④ 直线下降段，自 5 倍特征周期至 6s 区段，下降斜率调整系数应取 0.02。

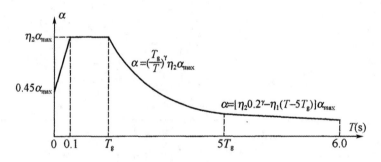

图 9.6　地震影响系数曲线

（2）地震影响系数曲线的阻尼调整系数和形状参数在建筑结构的阻尼比按有关规定不等于 0.05 时，应符合下列规定：

① 曲线下降段的衰减指数应按下式确定：

$$\gamma = 0.9 + \frac{0.05 - \xi}{0.3 + 6\xi} \tag{9.27}$$

式中：γ——曲线下降段的衰减指数；

　　　ξ——阻尼比。

② 直线下降段的下降斜率调整系数应按下式确定：

$$\eta_1 = 0.02 + \frac{0.05 - \xi}{4 + 32\xi} \tag{9.28}$$

式中：η_1——直线下降段的下降斜率调整系数，小于 0 时取 0。

③ 阻尼调整系数应按下式确定：

$$\eta_2 = 1 + \frac{0.05 - \xi}{0.08 + 1.6\xi} \tag{9.29}$$

式中：η_2——阻尼调整系数，当小于 0.55 时，取 0.55。

由于本结构为钢与混凝土组合结构，结构阻尼比取 0.04。按上述公式计算，曲线下降阶段的衰减指数为 0.92，直线下降阶段的下降斜率调整系数为 0.02，阻尼调整系数为 0.87。

9.1.4 多遇地震弹性时程分析参数

由 8.3 节振型分解反应谱法分析可以得知，多遇地震作用下次方向楼层最大响应值是由扭转效益产生的，其响应值很小，所以对模型 2 只需在主方向上输入上述三组地震波。主要参数如下：① 地震波最大加速度：35cm/s^2；② 阻尼比：0.04；③ 地震波计算时间步长：0.02s；④ 线性方程组解法：共轭斜量法；⑤ 动力微分方程组解法：Wilson-θ 法。

9.1.5 多遇地震弹性分析结果

弹性时程分析所得的基底剪力与反应谱法计算所得的基底剪力结果对比见表 9.3，楼层剪力图见图 9.7。上述三组地震波作用下的基底剪力均处于反应谱法计算结果的 65%~135%，平均值处于反应谱法计算结果的 80%~120%，满足《建筑抗震设计规范》（GB 50011—2010）要求和超限审查的各项要求。

表 9.3 多遇地震时程与反应谱基底剪力结果比较

计算方法			基底剪力/kN	与反应谱比值
时程分析法	人工波 RH2TG090	X	163086.97	76.48%
		Y	140818.73	65.28%
	天然波 SHW4	X	230197.03	107.95%
		Y	196025.13	90.74%
	天然波 TH012TG090	X	171882.81	80.60%
		Y	178616.84	82.87%
	三组地震波平均值	X	188388.94	88.34%
		Y	173486.90	80.09%
反应谱法（CQC 法）		X	213250.69	
		Y	216379.32	

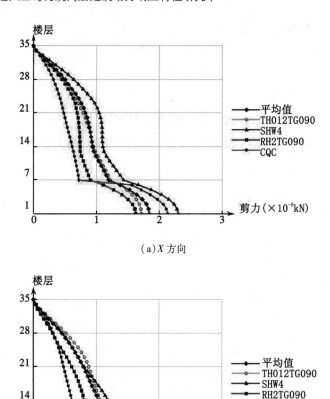

（a）X 方向

（b）Y 方向

图 9.7　楼层剪力曲线

图 9.8、图 9.9 分别给出了结构在 X 向和 Y 向多遇地震波下的楼层位移曲线和层间位移角曲线。从图中可知，天然波 SHW4 对结构楼层位移和层间位移角影响最大，X 向最大楼层位移为 72.72mm，28 层产生最大层间位移角 1/938；Y 向最大楼层位移为 57.02mm，15 层产生最大层间位移角 1/1139。且各波的作用影响在 X 向均小于，在 Y 向只有各别楼层略大于振型分解反应谱法（CQC 法）。各层间位移曲线形状相似，曲线较为光滑，仅在模型第 7 层和第 28 层略有突变，这是由于裙楼与塔楼连接处和塔楼上部结构不均匀导致的结构抗侧刚度在竖向不均，并无太大影响。在多遇地震作用下，结构处于弹性阶段，X 向和 Y 向层间位移角均小于安全限值 1/800，满足"小震不坏"的抗震设计标准。

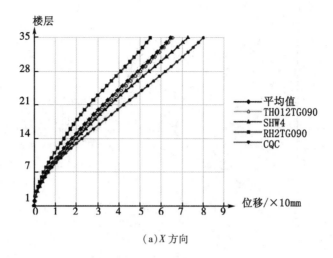

（a）X 方向

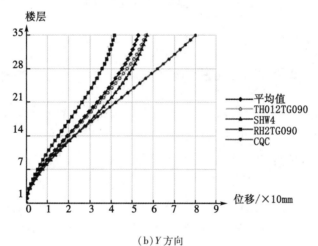

（b）Y 方向

图 9.8　多遇地震下楼层位移曲线

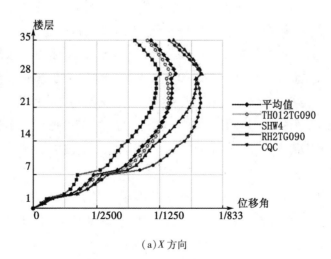

（a）X 方向

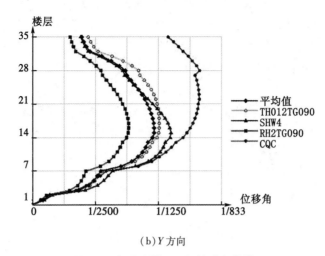

(b) Y 方向

图 9.9　多遇地震下层间位移角曲线

9.1.6　罕遇地震弹塑性时程分析方法

弹塑性时程分析方法是采用直接积分的计算方法,可以较准确地模拟结构在地震作用下的动力响应全过程,能够较真实地反映结构的各种响应、结构进入塑性的先后次序和整体结构进入塑性的程度。对结构进行大震弹塑性时程分析,分析构件损伤、受力特点和传力机制。

《高层建筑混凝土结构技术规程》(JGJ3—2010)第 3.11.4 条说明:弹塑性时程分析在一般情况下宜采用双向地震输入;诸如连体结构、大跨度转换结构、长悬臂结构、高度超过 300m 的结构等对竖向地震作用比较敏感的结构,宜采用三向地震输入。由于 X、Y 方向的平动是本结构前几阶的主要振型,并未发生竖向振动,且结构不满足规范所规定需采用三向地震输入的范围条件,因此 X-Y 双向地震为本次弹塑性分析中输入方式。

同时《建筑抗震设计规范》(GB 50011—2010)第 5.1.2 条指出:采用三维空间模型双向输入地震波时,通常按 1(水平 1):0.85(水平 2)的比例调整地震波在两个方向上的加速度最大值。上述要求同样适用于人工生成的地震加速度时程曲线。根据 8.3 节振型分解反应谱法分析所得振型简图,X 向一阶平动为结构第一振型,因此 X、Y 两个方向的地震加速度峰值比值应按 $X:Y=1.00:0.85$ 来设定地震波的双向输入,图 9.10 为地震波输入示意图。

本书弹塑性时程分析采用中国建筑科学院编制的多层及高层结构弹塑性分析软件 EPDA。动力弹塑性分析首先需要根据定义框架单元的塑性铰,程序对混凝土结构和钢结构提供了几种默认的铰属性。

单元采用纤维素模型,能同时考虑弯曲和轴力的耦合效应,如图 9.11 所示。不同于非集中塑性铰模型,采用纤维塑性区模型时,通过截面内和长度方向动态积分可得到杆

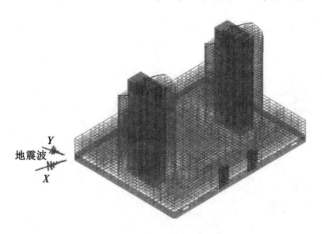

图9.10　地震波输入示意图

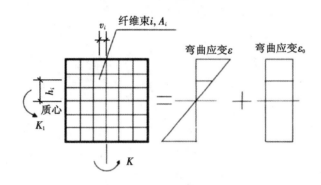

图9.11　纤维素模型示意图

件刚度,并且材料的滞回性能可由其双向弯压和弯拉的滞回性能来精确表现,同一截面纤维逐渐进入塑性,而在长度方向亦逐渐进入塑性。分析模型中,混凝土本构类型选用三线型。

9.1.7　罕遇地震弹塑性分析结果

罕遇地震计算取结构阻尼比0.07。将各地震波的计算结果进行整理,得到以下结果。

(1)结构层位移。

表9.4　各地震波作用下最大楼层位移　　　　　　　　　　单位:mm

地震波	RH2TG090	SHW4	TH012TG009	天津波 EW	天津波 NS
主方向	317.16	383.56	515.99	354.28	384.89
次方向	467.54	159.38	335.12	187.87	261.17

表9.4对五条地震波作用下结构产生的最大位移作了对比,对照图9.12可以看出,在主方向上TH012TG090波的地震响应最大,最大位移达到515.99mm,而其他几条波对结构的响应差别不大,位移曲线基本接近。在次方向上RH2TG090波的地震响应最大,

最大位移达到 467.54mm，各波的顶层位移差异较大，位移曲线较为分散。

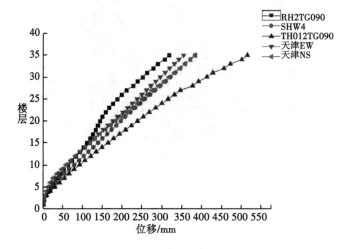

（a）主方向楼层位移曲线

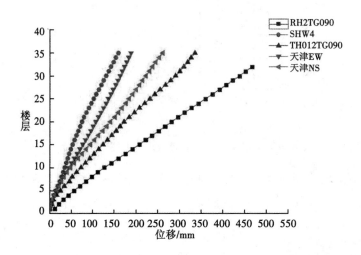

（b）次方向楼层位移曲线

图 9.12　楼层位移曲线

（2）结构各层层间位移角。

表 9.5　各地震波作用下最大层间位移角

地震波	RH2TG090	SHW4	TH012TG090	天津波 EW	天津波 NS
主方向	1/158	1/119	1/106	1/207	1/143
次方向	1/127	1/369	1/103	1/127	1/147

从表 9.5 可以发现，结构在 TH012TG090 波作用下地震响应最强烈，且在主方向上产生最大层间位移角 1/106，在次方向上产生最大层间位移角 1/103，均小于我国高规中弹塑性层间位移角的限值 1/100，在考虑 $P-\Delta$ 效应的情况下，满足我国规范"大震不倒"的设防要求。

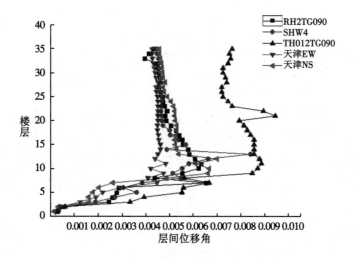

（a）主方向层间位移角曲线

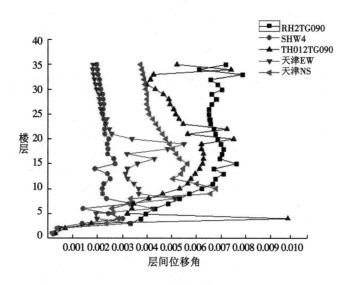

（b）次方向层间位移角曲线

图 9.13 层间位移角曲线

虽然结构满足了规范要求，但是最大层间位移角与安全限值十分接近，结构的安全储备空间较小。我国设计人员一般视不同的工程情况将最大层间位移角所在层附近的1~3 层判定为结构的薄弱层，来增加该部分楼层的抗剪能力以提高结构的整体抗震变形能力。因此，对照图 9.13，该结构的主塔 19~21 层应判定为薄弱层，在设计时应加强其抗剪能力。第 2 层层间位移角有明显突变，应采取相应加固措施。同时发现，结构在裙楼和塔楼交接处附近楼层的层间位移角会有较大差异，这主要是刚度变化产生的，由此可以看出在罕遇地震作用时，刚度变化对地震作用影响较大。

（3）基底剪力。

表 9.6 各地震波基底剪力汇总表

单位:kN

地震波	RH2TG090	SHW4	TH012TG090	天津波 EW	天津波 NS
主方向	453012	615140	514236	457257	488254
次方向	381639	486965	707222	509273	490271

表 9.6 将各地震波作用下结构产生的基底剪力进行了比较，结构在 SHW4 波作用下主方向上产生的基底剪力最大，为 615140kN；TH012TG090 波作用下次方向上产生的基底剪力最大，为 707222kN。从图 9.14 中各地震波作用下的基底剪力时程曲线来看，对照波形文件，最大基底剪力响应均为地震波处于最大峰值的时间点，地震波加速度的大小直接影响结构的基底剪力。通过观察发现，基底剪力时程曲线与所施加的地震波时程曲线相似，表明基底剪力与地震波加速度呈线性相关。

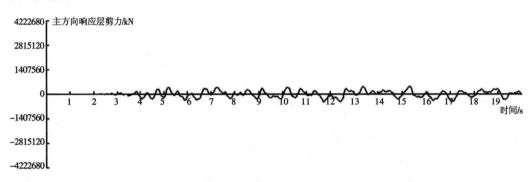

（a）RH2TG090 波主方向基底剪力时程曲线

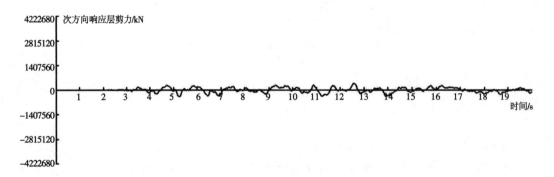

（b）RH2TG090 波次方向基底剪力时程曲线

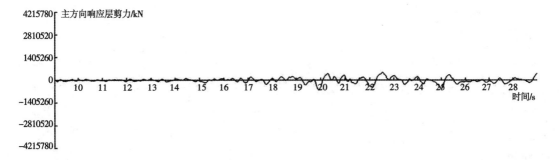

（c）SHW4 波主方向基底剪力时程曲线

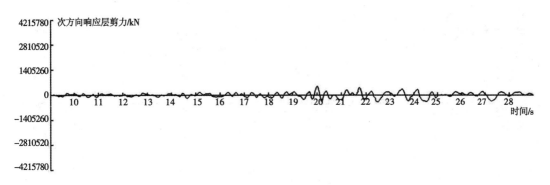

（d）SHW4 波次方向基底剪力时程曲线

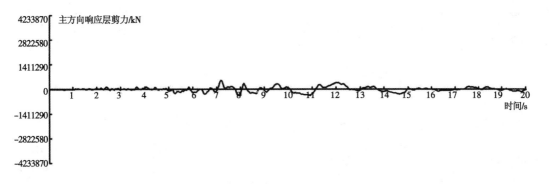

（e）TH012TG090 波主方向基底剪力时程曲线

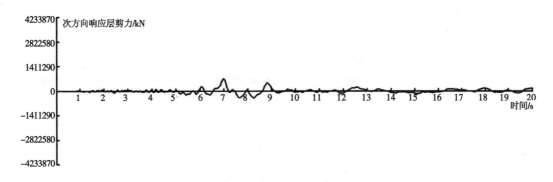

（f）TH012TG090 波次方向基底剪力时程曲线

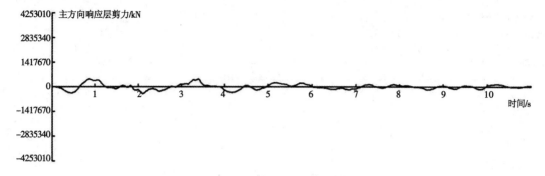

（g）天津波 EW 主方向基底剪力时程曲线

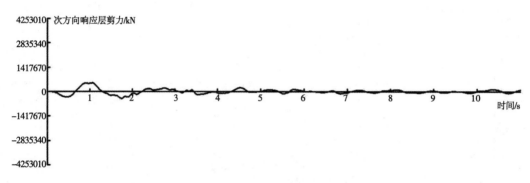

（h）天津波 EW 次方向基底剪力时程曲线

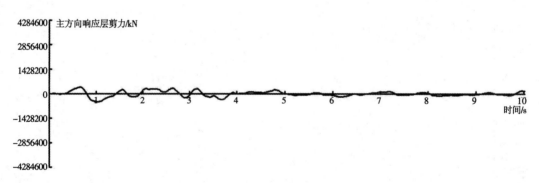

（i）天津波 NS 主方向基底剪力时程曲线

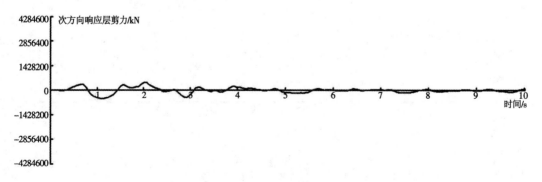

（j）天津波 NS 次方向基底剪力时程曲线

图 9.14　各地震波基底剪力时程曲线

（4）塑性铰发展历程。适筋梁在受拉屈服后，截面在某一点出现相对面的纤维屈服但未破坏，致使截面能够像铰一样产生较大的转角，则该点被认定为塑性铰。与作为双向铰的结构铰只能传递剪力和轴力不同，能够承受一定方向上的弯矩是塑性铰作为单向铰的主要特征，地震能量可以在塑性铰形成过程中被大量吸收，且塑性铰的变形转动会引起结构内力重分布，所以研究分析塑性铰的发展过程对于结构抗震至关重要。在结构抗震设计中，要做到"强柱弱梁"则需保证梁端上产生塑性铰，使梁截面在地震作用下可以有较大的变形，有效降低震害，不至于出现结构迅速倒塌的后果。

从上述分析来看，结构对 TH012TG090 波的动力响应最大，且天津波作用下的弹塑性响应相对较弱，由于篇幅有限，本书仅取该波作用下的结果进行分析，以做参考。根据 TH012TG090 波的加速度时程曲线图，大约在 5.0s 地震作用开始加剧，并且在 8.06s 左右时达到最大峰值，因此，本书仅观察 5.0～8.0s 内的塑性铰的发展变化。相关研究结果指出，采用纤维素模型时，弹塑性抗震性能评估中塑性铰出现条件的判定方式以"截面刚度退化为初始截面刚度的 20%"来设定最为合适。

图 9.15 给出了结构在地震作用下 5.0s、5.5s、6.0s、6.5s、7.0s、7.5s、8.0s 时的塑性铰分布图，高层建筑结构塑性铰发展历程如下：

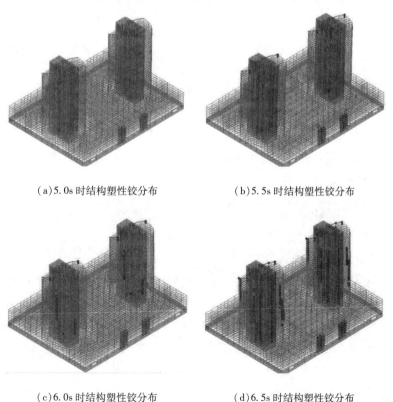

（a）5.0s 时结构塑性铰分布　　　　（b）5.5s 时结构塑性铰分布

（c）6.0s 时结构塑性铰分布　　　　（d）6.5s 时结构塑性铰分布

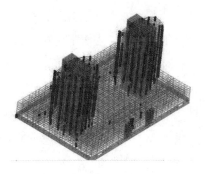 

（e）7.0s 时结构塑性铰分布   （f）7.5s 时结构塑性铰分布

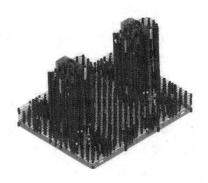

（g）8.0s 时结构塑性铰分布

图 9.15   各时间点结构塑性铰分布

① 5.0s 时结构仍处于弹性阶段，未出现塑性铰。

② 5.5s 时结构逐渐进入弹塑性阶段，塑性铰首先在塔楼上部楼层的外框架柱上产生。

③ 6.0s 时塑性铰主要在塔楼中部楼层的 Y 向中轴线处的内框架梁上产生，此时结构形成的是梁铰塑性变形机构。

④ 6.5s 时塔楼的内框架梁上的塑性铰不断增多，大多仍然产生于塔楼中部楼层，结构仍然处于以梁铰为主的塑性变形机构。

⑤ 7.0s 时地震处于该波第二大的加速度峰值上，结构有明显的位移，外框架梁上开始产生塑性铰，且塔楼的大部分梁产生了塑性铰，塔楼上部楼层的部分框架柱和裙楼的部分框架梁也产生了塑性铰。

⑥ 7.5s 时地震波正在进入下一个加速度峰值，结构有明显的位移，塑性铰继续增多，核心筒内连梁、裙楼上部楼层框架柱开始产生塑性铰，结构逐渐变成柱、梁混合铰塑性变形机构。

⑦ 8.0s 时全结构大部分梁上均产生了塑性铰，塔楼框柱除了中上部楼层出现塑性铰，底部柱均无塑性铰产生。整个结构形成了柱、梁混合铰塑性变形机构。

9.1.8 弹塑性抗震性能评估

汇总前面建筑结构在罕遇地震动力响应下的各项性能指标，可以对该建筑做出一个综合性的弹塑性抗震性能评估。详细评估如下。

（1）塔楼中间19~21层层间位移角较大，判定为薄弱层。结构实际建筑时应在薄弱层加上空间斜撑以提高该部位的抗侧移能力。建筑第2层只在TH012TG090波影响下层间位移角有较大突变，应相应采取必要的加固措施。

（2）在模型中可以观察到，塔楼结构中作为第一道防线的核心筒剪力墙出现了裂缝，剪力墙有所损伤，但仍然能够提供一定的刚度，使层间位移角小于规范规定的限值。

（3）结构在进入地震的过程中，先产生梁端铰，前期形成梁塑性铰变形机构。结构在罕遇地震作用下最终产生了柱、梁混合铰塑性变形机构。但是只有塔楼上部楼层和裙楼上部楼层的框架柱端产生了塑性铰，其余塑性铰均产生在框架梁端，且各层梁铰的分布基本一致，没有出现塑性铰分布变化较大的楼层，体现出"强柱弱梁"的结构性质。结构的弹塑性抗震性能符合要求。

（4）地震作用下结构形成梁塑性铰是最为理想的，本结构在进入地震波最大峰值时形成了柱、梁混合铰的塑性变形机构，若想要使之形成梁塑性铰结构，提高结构的安全性，可在合理的配筋范围内增加柱梁刚度比。

9.2 滩浅海采油人工岛高层建筑风暴动力响应分析

9.2.1 台风对渤海湾影响特点

台风是急速旋转的大气旋涡，在其活动过程中会伴随有狂风、巨浪等现象。我国是易遭受台风灾害的国家，台风一般影响范围较大，登陆地区及其影响地区往往会受到巨大经济损失，强风作用也会造成部分建筑物的损坏和倒塌，表9.7给出了我国热带气旋等级的划分。对于海岛上的建筑，四面空旷，更易受强大风力作用，因此，滩浅海采油人工岛上的高层建筑需要有足够的抵抗风暴荷载作用的能力。本书将根据渤海湾地区台风的特点来分析高层建筑在台风风暴作用下的风致响应。

表 9.7 我国热带气旋等级

气旋类别	底层中心附近最大平均风速/$(m \cdot s^{-1})$	风力等级
超强台风	≥51.0	16级或以上
强台风	41.5~50.9	14~15级
台风	32.7~41.4	12~13级

表9.7(续)

气旋类别	底层中心附近最大平均风速/$(m \cdot s^{-1})$	风力等级
强热带风暴	24.5~32.6	10~11 级
热带风暴	17.2~24.4	8~9 级
热带低压	10.8~17.1	6~7 级

注：以上风速及风力等级采用 600s 时间间距。

通过对渤海地区的气象进行研究表明，能够影响到渤海湾地区的台风路径主要可归为三类，其中第二类路径出现得较多。鄞鉴章在研究台风对渤海湾地区的大风影响中发现，渤海湾总是处于台风移动方向的左半圆中，而在这一区域，大风方向与台风移动方向基本相反，从而导致左前方半圆中的风速比右前方和右后方半圆中的风速小。

渤海湾台风最大风的风向主要是偏北风，出现 5 级以上大风持续时间一般为 1~2 天，个别台风、个别海域可能会持续 3~4 天。渤海湾地区一般呈现渤海南部海域、渤海中心区、渤海海峡区的台风大风比渤海北部海域大的地理分布特征。例如 2018 年 10 号台风"安比"，台风中心抵达河北沧州境内时，外围最大风力有 8 级（18m/s），中心最低气压为 990 百帕。同时渤海有 8~9 级、阵风 10 级的大风的影响，且渤海周边部分地区有大暴雨（100~160mm）。

9.2.2　高层建筑结构主要风向响应判断

椭圆形高层建筑在受到风作用时会产生顺风向响应、横风向响应和扭转风向响应。扭转风向荷载作用一般较小，故不讨论。高层建筑的横风向响应也应当根据是否具有工程实用意义选择性分析，一般只有由旋涡脱落引起的共振响应才有明显的实用意义。共振风速（或临界风速）可由下式来确定：

$$v_0 = \frac{B(z)}{S_t T_j} \tag{9.30}$$

式中：$B(z)$——建筑迎风面宽度；

　　　S_t——斯托罗哈数，对于高层建筑通常取 0.2；

　　　T_j——结构的 j 阶自振周期。

本高层建筑以垂直塔楼短轴向为迎风面，即以图 9.16 中 0° 角方向施加风荷载。该方向单个塔楼的投影宽度为 45.7m，结构单个塔楼的基本周期为 1.426s，根据式（9.30）算得的共振风速为 160.2m/s。台风抵达渤海区域时的中心最大风速基本不会大于 32.6m/s。我国近 60 年来的最强台风"桑美"测得的最大风速约为 68m/s。台风风速远小于建筑结构发生共振的响应的临界风速，因此建筑结构的顺风向响应起主要作用。

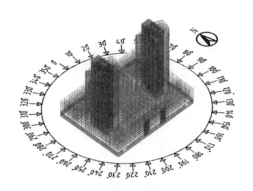

图 9.16　建筑风向角示意图

9.2.3　等效静力风荷载计算方法

由于在理论上风是时间和空间上分布十分复杂的平稳随机过程，十分不便于计算，因此，在结构风工程模拟中提出了将风荷载等效为静力荷载的方法，并要求该荷载作用到结构上引起的响应与实际风响应的最大值一致。在几种顺风向等效静力风荷载计算方法中，我国规范采用的是惯性风荷载（IWL）法。该方法认为，等效静力风荷载作为一种惯性力作用在高层建筑结构上引起其一阶脉动位移，在共振分量的计算上只考虑一阶振型的影响。其计算公式为：

$$P(z) = \overline{P}(z) + gm (2\pi f_1)^2 \sigma_r(z) \varphi_1(z) \tag{9.31}$$

式中　$\overline{P}(z)$——平均风荷载；

g——峰值因子；

f_1——高层建筑的一阶固有频率；

$\sigma_r(z)$——广义一阶位移均方根；

$\varphi_1(z)$——高层建筑一阶阵型。

阵风荷载因子（我国规范称风振系数）表达式为：

$$\beta(z) = \frac{P(z)}{\overline{P}(z)} = 1 + \frac{gm (2\pi f_1)^2 \sigma_r(z) \varphi_1(z)}{\overline{P}(z)} \tag{9.32}$$

风振系数 $\beta(z)$ 在我国规范中是一个重要概念，其与结构的质量分布及动力特性有关，且随着高度变化而变化。而我国规范习惯用风振系数与平均风荷载相乘的方式计算结构总的等效静力风荷载，即：

$$P(z) = \overline{P}(z)\beta(z) \tag{9.33}$$

平均风荷载计算公式为：

$$\overline{P}(z) = \mu_s \mu_z \omega_0 A_z \tag{9.34}$$

式中：$A_z = B h_z$，h_z 为层高；

μ_s——风荷载体型系数。

根据《建筑结构荷载规范》(GB 50009—2012),顺风向风振系数计算可按下式:

$$\beta_z = 1 + 2g\, I_{10} B_z \sqrt{1+R^2} \tag{9.35}$$

式中:g——峰值因子,可取 2.5;

$\quad I_{10}$——10m 高度名义湍流强度,A 类地面取 0.12;

$\quad R$——脉动风荷载共振分量因子;

$\quad B_z$——脉动风荷载背景分量因子。

对于式(9.35)中脉动风荷载共振分量因子的计算可按下式:

$$R = \sqrt{\frac{\pi}{6\,\zeta_1} \cdot \frac{x_1^2}{(1+x_1^2)^{4/3}}} \tag{9.36}$$

$$x_1 = \frac{30 f_1}{\sqrt{k_w \omega_0}}, \quad x_1 > 5 \tag{9.37}$$

式中:f_1——结构第一阶自振频率;

$\quad k_w$——地面粗糙度修正系数,A 类地面取 1.28;

$\quad \zeta_1$——结构阻尼比,本建筑结构取 0.04。

对于式(9.35)中脉动风荷载背景分量因子计算可按下式:

$$B_z = k\, H^{a_1} \rho_x \rho_z \frac{\phi_1(z)}{\mu_z} \tag{9.38}$$

式中:$\phi_1(z)$——结构第一阶振型系数;

$\quad \mu_z$——风压高度变化系数,A 类地面 $\mu_z = 1.284\left(\dfrac{z}{10}\right)^{0.24}$;

$\quad H$——结构总高度;

$\quad \rho_x$——脉动风荷载水平方向相关系数;

$\quad \rho_z$——脉动风荷载竖直方向相关系数;

$\quad k, a_1$——系数,A 类地面 k 取 0.994,a_1 取 0.155。

对于式(9.38)中脉动风荷载水平方向相关系数的计算可按下式:

$$\rho_x = \frac{10\sqrt{B + 50\, e^{-B/50} - 50}}{B} \tag{9.39}$$

式中:B——结构迎风面宽度。

对于式(9.38)中脉动风荷载竖直方向相关系数的计算可按下式:

$$\rho_z = \frac{10\sqrt{H + 60\, e^{-H/60} - 60}}{H} \tag{9.40}$$

式中:H——结构总高度。

本书考虑气旋中心经过本工程地区的特殊情况。根据前文描述的渤海地区气旋风况，假定中心风速为 32.6m/s 的 11 级强热带风暴作用下的受力情况，其折算风压约为 0.67 kN/m²。由于篇幅有限，本书后面只计算 0°风向角下的顺风向等效静力风荷载及其对建筑结构的动力响应值。

9.2.4 风暴动力响应分析结果

本建筑结构为大底盘双塔框架-核心筒结构，上下迎风面差异较大，在等效静力风荷载计算中，将整个地上结构拆分成裙楼、塔楼两段体型，且以基本塔模型来进行计算，结构参数表见表 9.8。为了简化计算，本书忽略塔楼顶部水平截面变化的影响，上部塔楼采用总体体型系数。

表 9.8 结构参数表

体型段		体型高度 H/m	迎风面投影宽度 B/m	体型系数 μ_s
1	塔楼段	94.4	45.7	0.8
2	裙楼段	16.0	166.5	1.3

对以剪力墙的工作为主的高层建筑，式(9.38)中的 $\phi_1(z)$ 可采用公式 $\tan\left[\dfrac{\pi}{4}\left(\dfrac{z}{H}\right)^{0.7}\right]$ 近似计算。将各参数值代入到上面式中，便可分别得到裙楼、塔楼的等效静力风荷载与楼层高度的函数关系式：

(1)塔楼等效静力风荷载：

$$P(z)_1 = 18.098\, z^{1.24} + 30.006\tan\left[\frac{\pi}{4}\left(\frac{z}{94.4}\right)^{0.7}\right]z,\ 16 < z \leqslant 94.4 \tag{9.41}$$

(2)裙楼等效静力风荷载：

$$P(z)_2 = 107.171\, z^{1.24} + 122.399\tan\left[\frac{\pi}{4}\left(\frac{z}{16}\right)^{0.7}\right]z,\ 0 < z \leqslant 16 \tag{9.42}$$

根据式(9.41)和式(9.42)可计算得到各楼层的等效静力风荷载，其随楼层变化的曲线如图 9.17 所示。

将风荷载相应加载到各楼层，通过程序分析计算，可以得到风暴动力荷载作用下建筑结构的楼层剪力、楼层弯矩、楼层位移响应值，分别见图 9.18、图 9.19 和图 9.20。0°风向角下，建筑结构的基底剪力为 13361.96kN，基底弯矩为 741201.81kN·m，顶层最大响应位移为 3.57mm。相比建筑结构多遇地震的动力响应，风暴动力响应要小得多。

从图 9.21 和图 9.22 可以发现，核心筒剪力墙的最大剪应变发生位置主要是塔楼的中下部，最大总剪力值只有约 712.4kN，最大总弯矩约 1565.6kN·m，作为建筑结构主要抗侧力构件的核心筒完好。柱、梁的最大总剪力为 34.1kN，总弯矩为 87.3kN·m，作为建筑结构抗侧力二道防线的框架柱也完好。

综上所述，风暴动力对建筑结构的影响并不大。由于 11 级风力是渤海湾地区少有的风力级别，该级别的台风作用可以看作本高层建筑在客观条件下能够受到的最大风力作用，因此，本高层建筑完全可以抵御渤海湾地区的风暴动力作用。

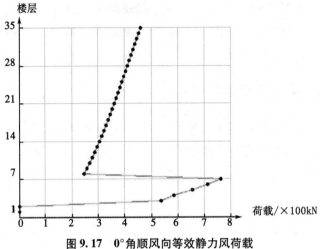

图 9.17　0°角顺风向等效静力风荷载

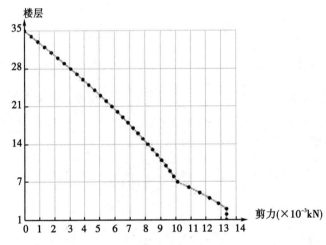

图 9.18　风暴荷载作用下楼层剪力曲线

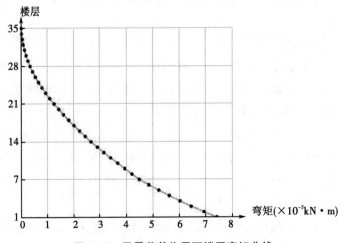

图 9.19　风暴荷载作用下楼层弯矩曲线

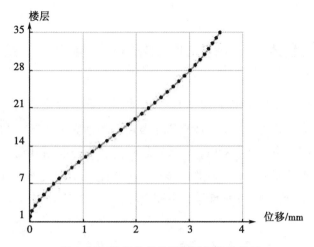

图 9.20　风暴荷载作用下楼层位移曲线

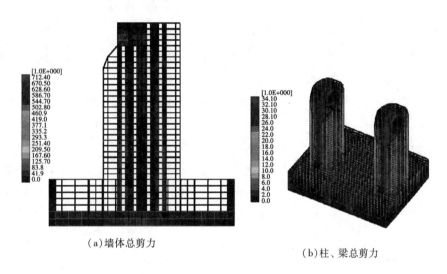

（a）墙体总剪力　　　　　　　　　　（b）柱、梁总剪力

图 9.21　风暴荷载作用下构件总剪力云图

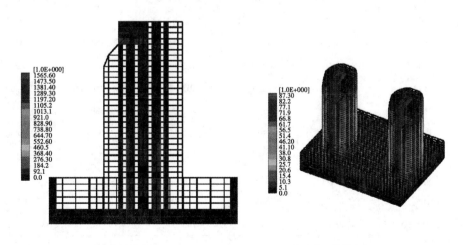

（a）墙体总弯矩　　　　　　　　　　（b）柱、梁总弯矩

图 9.22　风暴荷载作用下构件总弯矩云图

9.3　滩浅海采油人工岛高层建筑地震+风暴动力响应分析

　　为了研究高层建筑在特殊条件下的可靠性，本节将研究高层建筑在地震和风暴动力共同作用下的动力响应分析，此处的地震作用考虑多遇地震的影响。由于风暴动力荷载引起的结构位移响应较小，故不考虑，本书只分析建筑结构在两种动力共同影响下的剪应力和弯矩响应。为了简化分析，多遇地震响应值采用三条地震波在 Y 向（即 0° 风向角方向）动力响应的平均值，以分析两种作用同向叠加时的响应情况。各层剪力、弯矩值见表 9.9。

表 9.9　Y 向水平荷载作用下楼层剪力和弯矩

层号	剪力/kN			弯矩/（kN·m）		
	多遇地震平均值	风暴响应值	叠加值	多遇地震平均值	风暴响应值	叠加值
33	2982.9	230.73	3213.63	8352.12	646.03	8998.15
32	9098.98	457.79	9556.77	42127.08	1927.86	44054.94
31	15773.84	681.24	16455.08	95063.88	3835.32	98899.2
30	22639.49	901.08	23540.57	168300.74	6358.33	174659.07
29	29484.23	1117.34	30601.57	260161.42	9486.88	269648.3
28	36199.52	1330.04	37529.56	371308.64	13211.00	384519.64
27	42388.59	1539.19	43927.78	498939.47	17520.73	516460.2
26	47922.06	1744.80	49666.86	641154.57	22406.16	663560.73
25	53331.26	1946.86	55278.12	796654.19	27857.36	824511.55
24	58814.88	2145.37	60960.25	965978.79	33864.39	999843.18
23	63619.86	2340.32	65960.18	1146699.52	40417.28	1187116.8
22	68190.76	2531.69	70722.45	1340908.38	47506.12	1388414.5
21	72552.6	2719.46	75272.06	1545662.33	55120.52	1600782.85
20	76612.76	2903.60	79516.36	1757556.96	63250.61	1820807.57
19	80534.13	3084.07	83618.2	1975064.67	71886.02	2046950.69
18	84392.51	3260.83	87653.34	2203648.38	81016.33	2284664.71
17	88142.43	3433.81	91576.24	2442224.33	90630.99	2532855.32
16	91701.48	3602.95	95304.43	2688669	100719.27	2789388.27
15	95358.92	3768.18	99127.1	2938845.25	111270.18	3050115.43
14	98819.06	3929.41	102748.47	3199354.5	122272.52	3321627.02
13	101951.76	4086.52	106038.28	3462999.33	133714.78	3596714.11
12	105183.83	4239.40	109423.23	3735737.58	145585.11	3881322.69

表9.9(续)

层号	剪力/kN			弯矩/(kN·m)		
	多遇地震平均值	风暴响应值	叠加值	多遇地震平均值	风暴响应值	叠加值
11	107991.8	4387.90	112379.7	4013902.17	157871.22	4171773.39
10	110696.76	4531.84	115228.6	4300806.5	170560.38	4471366.88
9	113300.18	4671.03	117971.21	4589708.58	183639.25	4773347.83
8	115631.21	4805.20	120436.41	4883249.75	197093.81	5080343.56
7	118115.16	4934.07	123049.23	5179899.5	210909.19	5390808.69
6	120454.07	5057.23	125511.3	5480831.33	225069.44	5705900.77
5	134132.53	10875.19	145007.72	583809.67	484939.56	1068749.23
4	146520.57	11587.18	158107.75	6204450.33	522018.53	6726468.86
3	156437.98	12242.18	168680.16	6591620.67	561193.50	7152814.17
2	163628.17	12826.23	176454.4	6997813.67	602237.44	7600051.11
1	168491.42	13361.96	181853.38	7424601.5	644995.69	8069597.19
-1	170646.11	13361.96	184008.07	7921700.33	693038.75	8614739.08
-2	171486.9	13361.96	184848.86	8429548.5	741201.81	9170750.31

从表9.9中可以看出，相比多遇地震对建筑结构产生的剪力和弯矩动力响应，11级风暴产生的响应要小很多，建筑结构的安全性主要受地震作用的影响，地震为主要设防控制因素。将多遇地震作用和风暴荷载作用引起的结构剪力响应和弯矩响应数据进行拟合，拟合的楼层剪力分布和楼层弯矩分布分别见图9.23和图9.24。

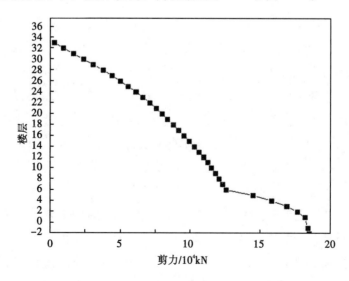

图9.23　地震和风暴 Y 向同向作用下楼层剪力分布

由图9.23可以看出，在地震动力和风暴动力同向叠加的作用下，建筑结构的层剪力

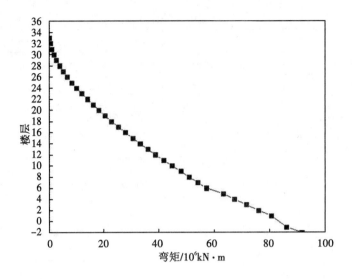

图 9.24 地震和风暴 Y 向同向作用下楼层弯矩分布

分布均匀，塔楼和裙楼相接层剪力有突变，突变增幅为 15.46%，其主要原因为塔楼和裙楼的刚度不同，基底剪力为 184848.86kN。

由图 9.24 可以看出，在地震动力和风暴动力同向叠加的作用下，建筑结构的层弯矩分布均匀，整体无明显突变，基底弯矩为 9170750.31kN·m。

综上所述，对前面选定的高层建筑方案分别进行了地震动力和风暴动力响应分析，并在最后分析了两种动力共同作用的情况。在此过程中得出以下结论。

(1)在多遇地震作用下，结构基本处于线弹性状态。在满足相关规范的地震波作用下，建筑结构所发生的最大层间位移角均小于 1/800，满足"小震不坏"的抗震设计标准。在各地震波作用下，结构的层间位移角曲线在上部塔楼和下部裙楼的交接楼层处产生一些突变，主要是塔楼大底盘的结构形式，导致上部塔楼和下部裙楼在结构抗侧刚度的竖向不均。但由于突变不是很大，因此在地震作用下并无太大影响，无须做加强处理。

(2)在罕遇地震弹塑性分析时，本书首先对地震波的选取方法进行了探讨和确定，并引入天津宁河波对建筑结构进行罕遇地震动力响应分析。在各地震波的分别作用下，建筑结构产生的最大层间位移角均小于 1/100，满足"大震不倒"的抗震设计标准。且各地震波作用下的罕遇地震结果显示，天津宁河波的响应值要明显小于依据规范筛选的地震波，表明该建筑结构可以抵抗当地实际发生的地震。

(3)建筑结构在罕遇地震作用下，最终形成了柱、梁混合铰的塑性变形机构，且塑性铰以梁铰为主，体现出"强柱弱梁"的性质，建筑结构延性较好，具有良好的抗震性能。通过综合性的建筑结构弹塑性抗震性能评估，认为该建筑结构具有足够的抵抗罕遇地震的能力，满足结构第二阶段设计要求。但是由于设计方案的不足，建筑结构在罕遇地震作用下的安全储备空间偏低，对此本书提出在第 19~21 层增加斜撑及在全楼合理配筋范围内提高梁柱刚度比的修改建议。

(4)建筑结构在风暴荷载作用下的主要响应是顺风向响应。在拟定的 32.6m/s 的 11 级风力作用下，建筑结构的动力响应值较小，核心筒所受的最大剪力值仅为 1896.4kN 左右，表明建筑结构具备优良的抗风能力。

第 10 章　结论与展望

随着我国开发海底资源，进军海洋建设，我国已成功建设了一系列海上人工岛。而对于滩浅海地区海底石油开采，我国冀东南堡油田采用了"海油陆采"，建设海上人工岛开采的新方式。基于冀东油田人工岛建设后的不可变性，以及陆上土地资源日趋紧张及资源节约需求，采油工业人工岛在工业使用期结束后，如何再次利用开发建设已有人工岛必将成为未来需要思考的问题。

10.1　结论

以冀东油田 1 号人工岛为例，深入探讨滩浅海采油人工岛在工后人居建设开发，研究采油人工岛构建高层建筑的可行性。利用 PKPM 建模与有限元数值分析技术，针对采油人工岛储油荷载和高层建筑荷载作用条件，以及构建的高层建筑结构台风风暴、地震环境，进行了动力响应力学特性研究。主要完成了以下工作。

（1）通过对比分析人工岛在建设完成和采油工业运营时期两个阶段的应力-应变状态及塑性破坏区分布情况，发现后阶段下产生沉降位移只比前阶段多 0.002m，最大有效应力比前阶段大 1.24kN/m^2，且人工岛只有小范围出现剪切破坏，底部地基无剪切破坏，验证了采油工业用途下的人工岛在一般状态下的整体稳定性。

（2）在储油采油荷载作用下，人工岛在地震动力作用下产生了较大的沉降位移，最大位移达到了 12.21m，最大剪应变达到 509.63%，最大有效应力达到 1640kPa，沿护坡发生了较大的变形，且护坡及抛石软体排下部土体也产生了较大沉降位移。人工岛及其底部地基也有大范围的剪切破坏区出现，人工岛有发生大变形失稳的可能。分析表明，采油工业用途时储油采油所带来的大荷载直接作用在人工岛岛面上不利于人工岛在地震影响下的稳定性。

（3）人工岛上构建高层建筑，根据场地条件和建筑荷载量，高层建筑基础采用桩基础的形式。在高层建筑荷载作用下，人工岛在地震动力作用下产生的最大沉降位移仅有 0.664m，最大剪应变 6.55%，最大有效应力 697.59kPa。护坡有轻微变形，产生位移的区域主要集中于护坡结构及其下部淤泥质黏土土层。人工岛仅有护坡、环岛路基及抛石软体排小部分区域有剪切破坏，地基无剪切破坏。分析表明，将建筑荷载通过桩基础传递给地下持力层,减少人工岛表面直接荷载作用量,人工岛整体在地震影响下的稳定性远优于原先采油工业用途的情况,同时验证滩浅海采油人工岛构建高层建筑具有可行性。

(4)确定了滩浅海采油人工岛的建筑形式为大底盘双塔结构,塔体结构采用框架-核心筒的形式。基于性能的抗震设计思想,系统分析了不同框架-核心筒结构方案的性能优劣。分析表明,SRC 框架-核心筒结构具有延性好,耐火性好,且比普通 RC 框架-核心筒结构具有自重轻、空间大的特点。通过分别对比不同核心筒尺寸和框架柱间距的建筑结构性能,发现核心筒尺寸的大小主要影响到结构的整体刚度,且核心筒在某一方向的长短也主要影响该方向的刚度,尺寸长则刚度大,反之则小;基于框架柱尺寸的调整尽量保持柱总截面面积相近的原则下的框架柱间距对比表明,框架柱的间距对建筑结构整体性能无太大影响。对确定的结构方案进行整体与分塔模型验算,分析表明所确定的建筑结构性能达标,且结构嵌固端应选择在基础顶面。

(5)高层建筑结构在多遇地震作用下和罕遇地震作用下分别处于线弹性状态和弹塑性状态。两种级别地震动力响应下,建筑结构所发生的最大层间位移角分别小于 1/800 和 1/100,满足“小震不坏,大震不倒”的抗震设计标准,建筑结构能够抵御该地区的地震作用。同时通过对比建筑结构在天津宁河波和依据抗震规范选取的地震波下的响应值,发现天津宁河波的响应值要明显小于依据规范选取的地震波,表明该建筑结构足以抵抗当地实际发生的地震,其安全性可以保障。高层建筑结构在最大响应地震波的罕遇地震作用下最终形成了柱、梁混合铰的塑性变形机构,且塑性铰以梁铰为主,体现出“强柱弱梁”的性质,表示延性较好,具有良好的抗震性能。但由于最大层间位移角只有 1/103,罕遇地震下安全储备空间偏低,本书依据建筑结构的综合性能提出在第 19 ~21 层增加斜撑及在全楼合理配筋范围内提高梁柱刚度比的修改建议。

(6)在 32.6m/s 的 11 级风暴动力荷载作用下,高层建筑产生的响应值相对较小,且核心筒所受的最大剪力值仅为 712.4kN 左右,表明建筑结构具备优良的抗风能力。

10.2　展望

综上所述,对滩浅海采油人工岛构建高层建筑进行了数值仿真建模和有限元模型动力学特性分析,对人工岛在两种用途下和高层建筑结构的动力学响应进行了研究。由于工程面临环境的复杂性,以及笔者对理论问题分析的局限性及认识程度,在以下方面还需进一步深入研究。

(1)滩浅海采油人工岛构建高层建筑动力学响应数值模拟中,对人工岛的分析采用的是二维有限元,由于篇幅有限和能力有限,书中尚未对人工岛施工及高层建筑施工过程中的土体固结特性展开分析研究。今后需开展三维有限元模型施工阶段流固耦合应变分析，以确定施工加载速度。

（2）滩浅海采油人工岛上的高层建筑的风暴潮动力响应分析时，由于缺少风洞实验设备，只进行了等效静力风荷载的计算分析。在后期还应进行风洞试验，运用时域分析方法分析高层建筑在脉动风荷载下的时程响应。

参考文献

[1]　汪生杰, 胡殿才.冀东油田人工岛设计关键技术[J].水运工程, 2012(12): 194-199.

[2]　杨帆.世界上最豪华的酒店:阿拉伯塔酒店[J].饭店现代化, 2004(3): 71.

[3]　崔峥, 佘小建.冀东南堡油田 2 号人工岛波浪、潮流作用下稳定性研究[C]//中国海洋工程学会.第十五届中国海洋(岸)工程学术讨论会论文集:中.北京:海洋出版社,2011.

[4]　郭伟.冀东油田 3 号人工岛设计施工心得[J].科技信息, 2010(14): 692.

[5]　HAGSTROM T, MAR-OR A, GIVOLI D.High-order local absorbing conditions for the wave equation: extensions and improvements[J].Journal of computational physics, 2008, 227(6): 3322-3357.

[6]　KAUSEL E.Early history of soil-structure interaction[J].Soil dynamics and earthquake engineering, 2010, 30(9): 822-832.

[7]　CUNDALL P.A computer model for simulating progressive large scale movement in block rock systems[C]//Proceeding of the symposium of the international society of rock mechanics.Narxy, France, 1971: 11-8.

[8]　石根华.块体系统不连续变形数值分析新方法[M].北京: 科学出版社, 1993.

[9]　石根华.数值流形方法与非连续变形分析[M].北京: 清华大学出版社, 1997.

[10]　吕西林, 沈德建.不同比例钢-混凝土混合结构高层建筑动力相似关系试验研究[J].地震工程与工程振动, 2008, 28(4): 50-57.

[11]　MEYERHOF G G.Some recent foundation research and its application to desigen[J].Structure.Engineering, 1953, 31: 151-167.

[12]　CHAMECKI S.Structural rigidity in calculating settlements[J].ASCE soil mechanics and foundation division, 1956, 82(1):1-9

[13]　GROSSHOF H.Influence of flexural rigidity of superstructure on the distribution of contact pressure and bending moments of an elastic combined footing[J].Proc.4th IC-SMFE, London, 1957: 300-306.

[14]　DAVENPORT A G.Gust loading factors[J].Journal of the structured division, 1967, 93(3): 11-34.

［15］ DAVENPORT A G.The generalization and simplification of wind loads and implications for computational methods［J］.Computational wind engineering，1993，46/47：409-417.

［16］ DAVENPORT A G.How can we simplify and generalize wind loads？［J］.Journal of wind engineering and industrial aerodynamics，1995，54/55：657-669.

［17］ 张相庭.结构顺风向风振的规范表达式及有关问题的分析［J］.建筑结构，2004（7）：33-35.

［18］ KASPERSKI M，NIEMANN H J.The L.R.C.（load-response-correlation）-method a general method of estimating unfavourable wind load distributions for linear and non-linear structural behaviour［J］.Journal of wind engineering and industrial aerodynamics，1992，43（1-3）：1753-1763.

［19］ 谢绍松，张敬昌，钟俊宏.台北 101 大楼的耐震及抗风设计［J］.建筑施工，2005，27（10）：7-9.

［20］ 杨爱武.结构性吹填软土流变特性及其本构模型研究［D］.天津：天津大学，2011.

［21］ OHDE J.Zur Theorie der druckverteilung im baugrund［J］.Bauingenieur，1939，20（33）：451-459.

［22］ THEIS C V.The relation between the lowering of the piezometric surface and the rate and duration of discharge of a well using ground-water storage［J］.Eos：Transactions，American Geophysical Union，1935，16（2）：519-524.

［23］ 陈崇希，万军伟，詹红兵，等."渗流-管流耦合模型"的物理模拟及其数值模拟［J］.水文地质工程地质，2004，31（1）：1-8.

［24］ CHILDS E C，COLLIS-GEORGE N.The control of soil water［J］.Advances in Agronomy，1950，2（6）：233-272.

［25］ 余鹏程.吹填土蠕变特性试验研究［D］.大连：大连理工大学，2012.

［26］ TERZAGHI K.Erdbaumechanik auf bodenphysikalischer Grundlage［M］.Wien：Fanz Deuticke，1925.

［27］ PANE V，SCHIFFMAN R L.A comparison between two theories of finite strain consolidation［J］.Soils and foundations，1981，21（4）：81-84.

［28］ 吴健.饱和软土复杂非线性大变形固结特性及应用研究［D］.杭州：浙江大学，2008.

［29］ BIOT M A.General theory of three-dimensional consolidation［J］.Journal of applied physics，1941，12（2）：155-164.

［30］ NEUMAN S P.Saturated-unsaturated seepage by finite elements［J］.Journal of the hydraulics division asce，1973，99（12）：2233-2250.

［31］ ARAL M M，MASLIA M L.Unsteady seepage analysis of wallace Dam［J］.Journal of hydraulic engineering, 1983, 109(6)：809-826.

[32] 陈志云，丛沛桐，张丽苹.水质数值计算中数值弥散问题的研究[J].东北水利水电，1996(6)：3-5.

[33] 黄康乐.求解非饱和土壤水流问题的一种数值方法[J].水利学报，1987(9)：11-18.

[34] 朱学愚，谢春红，钱孝星.非饱和流动问题的 SUPG 有限元数值解法[J].水利学报，1994(6)：37-42.

[35] 高骥，雷光耀，张锁春.堤坝饱和-非饱和渗流的数值分析[J].岩土工程学报，1988，10(6)：28-37.

[36] 杨代泉，沈珠江.非饱和土一维固结简化计算[J].岩土工程学报，1991，13(5)：70-78.

[37] 吴梦喜，高莲士.饱和-非饱和土体非稳定渗流数值分析[J].水利学报，1999(12)：38-42.

[38] 陈正汉，谢定义，刘祖典.非饱和土的固结理论[C]//中国力学学会.岩土力学新分析方法讨论会论文集，1989：298-306.

[39] 陈正汉，谢定义，王永胜.非饱和土的水气运动规律及其工程性质研究[J].岩土工程学报，1993，15(3)：9-20.

[40] 柴军瑞，仵彦卿.岩体渗流场与应力场耦合分析的多重裂隙网络模型[J].岩石力学与工程学报，2000，19(6)：712-717.

[41] 王媛，徐志英，速宝玉.复杂裂隙岩体渗流与应力弹塑性全耦合分析[J].岩石力学与工程学报，2000，19(2)：177-181.

[42] 罗晓辉.深基坑开挖渗流与应力耦合分析[J].工程勘察，1996(6)：37-41.

[43] 仵彦卿.地下水与地质灾害[J].地下空间与工程学报，1999，19(4)：303-310.

[44] 平扬，白世伟，徐燕萍.深基坑工程渗流-应力耦合分析数值模拟研究[J].岩土力学，2001，22(1)：37-41.

[45] 陈波，李宁，禚瑞花.多孔介质的变形场—渗流场—温度场耦合有限元分析[J].岩石力学与工程学报，2001，20(4)：467-472.

[46] 杨志锡，杨林德.圆形坑道各向异性稳定渗流的一个解析解[J].同济大学学报(自然科学版)，2001，29(3)：273-277.

[47] 李培超，孔祥言，卢德唐.饱和多孔介质流固耦合渗流的数学模型[J].水动力学研究与进展，2003，18(4)：419-426.

[48] 宋勤德.浅海滩区吹填土浅层与深层地基处理[J].信息化建设，2015(12)：126-127.

[49] 陈囡.人工岛填海工程软基处理应用技术研究[D].广州：华南理工大学，2009.

[50] 梁桁.珠澳口岸人工岛成岛关键性技术研究[D].天津：天津大学，2014.

［51］ 王芳，郭进京，郑忠成.吹填土地基处理方法的讨论［J］.矿产勘查，2009，12（6）：15-17.

［52］ 张俊生.曹妃甸围海造地工程施工组织方案设计分析［D］.唐山：华北理工大学，2017.

［53］ 姚忠岭.曹妃甸工业区吹填砂土地基的处理研究［D］.唐山：河北理工大学，2008.

［54］ 吴浩宁.吹填土地基处理效果评价及其工程应用［D］.上海：上海交通大学，2013.

［55］ 秦崇仁，肖波，高学平.波浪水流共同作用下人工岛周围局部冲刷的研究［J］.海洋学报，1994，16（3）：130-138.

［56］ 翟媛媛.填海用地空间规划的生态设计方法研究［D］.大连：大连理工大学，2013.

［57］ 雷华阳，刘景锦，郑刚，等.滨海吹填土固结蠕变特性试验研究［J］.土木工程与管理学报，2012，29（3）：6-10.

［58］ 宋晶，王清，孙铁，等.吹填土自重沉淤阶段孔隙水压力消散的试验研究［J］.岩土力学，2010，31（9）：2935-2940.

［59］ 彭涛，葛少亭，武威，等.吹填淤泥填海造陆技术在深圳地区的应用［J］.水文地质工程地质，2001，28（1）：68-70.

［60］ 王立波.多高层建筑地基处理的优化设计方案分析［D］.天津：天津大学，2009.

［61］ 吴静.软土地基高层建筑桩基设计分析［J］.江苏建筑，2016（5）：90-94.

［62］ 中华人民共和国住房和城乡建设部.高层建筑混凝土结构技术规程：JGJ 3—2010［S］.北京：中国建筑工业出版社，2010.

［63］ 中华人民共和国住房和城乡建设部.建筑抗震设计规范：GB 50011—2010［S］.北京：中国建筑工业出版社，2010.

［64］ 中华人民共和国住房和城乡建设部.建筑结构荷载规范：GB50009—2012［S］.北京：中国建筑工业出版社，2012.

［65］ 中华人民共和国住房和城乡建设部.建筑地基基础设计规范：GB 50007—2011［S］.北京：中国建筑工业出版社，2011.

［66］ 中冶集团建筑研究总院.钢骨混凝土结构设计规程：YB 9082—2006［S］.北京：冶金工业出版社，2007.

［67］ 中华人民共和国住房和城乡建设部.组合结构设计规范：JGJ 138—2016［S］.北京：中国建筑工业出版社，2016.

［68］ 中华人民共和国国家质量监督检验检疫总局.中国地震动参数区划图：GB18306—2015［S］.北京：中国建筑工业出版社，2015.

［69］ 胡妤.高烈度地区钢筋混凝土框架-核心筒结构抗震性能研究［D］.北京：清华大学，2014.

［70］ 苏宇坤.八度区超高层框架-核心筒结构布置选型及设计［D］.北京：清华大学，2015.

[71] 杨佳林.型钢混凝土柱的工程应用及配置不同截面型钢的分析研究[D].北京：太原理工大学，2007.

[72] 侯光瑜，陈彬磊，赵毅强，等.北京 LG 大厦结构设计[C]//第十二届全国高层建筑结构学术交流会论文集，2008.

[73] 李法冰，王明，李波，等.某 8 度区超限高层结构设计[C]//第二届大型建筑钢与组合结构国际会议论文集，2014.

[74] 由春敏，姜广才，杨东峰.寒冷地区高层建筑减轻自重的几个问题[J].黑龙江科技信息，2004(3)：159.

[75] 万黎萍.超高层建筑核心筒设计研究[D].广州：华南理工大学，2014.

[76] 张淑云，白国良，赵来顺.高层混合结构筒体厚度优化设计[J].西安科技大学学报，2010，30(2)：175-181.

[77] 杨威.大底盘多塔结构的设计分析与抗震研究[D].武汉：武汉理工大学，2014.

[78] 冯克康.再述上海高层建筑减轻自重的问题[J].结构工程师，2006，22(2)：1-8.

[79] 黄音，姜玛璠，袁履辉.0.15g、0.30g 区Ⅲ、Ⅳ类场地条件下结构的抗震设计[J].广西大学学报(自然科学版)，2014，39(1)：60-63.

[80] 周华，张江利.2014 年"威马逊"超强台风作用下建筑结构灾损调查与分析：钢筋混凝土结构[J].建筑结构，2016(6)：100-105.

[81] 段海华."密柱"型框架-核心筒结构体系的应用[J].建筑工程技术与设计，2016(36)：1035.

[82] 方雨，黄呈伟，顾德府，等.方钢管混凝土框架-RC 核心筒结构抗震性能分析[J].建筑结构，2017(S1)：530-534.

[83] 侯光瑜，陈彬磊，苗启松，等.钢-混凝土组合框架-核心筒结构设计研究[J].建筑结构学报，2006，27(2)：1-9.

[84] 田林林，刘洲，秦乃兵.钢骨混凝土组合结构减震控制[J].华北理工大学(自然科学版)，2016，38(3)：108-113.

[85] 朱炳寅.高层建筑混凝土结构技术规程应用与分析[M].北京：中国建筑工业出版社，2013.

[86] 朱炳寅.建筑抗震设计规范应用与分析[M].北京：中国建筑工业出版社，2011.

[87] LU X Z, LU X, GUAN H, et al.Earthquake-induced collapse simulation of a super-tall mega-braced frame-core tube building[J].Journal of constructional steel research，2013，82(3)：59-71.

[88] ÖZLEM ÇAVDAR, BAYRAKTAR A.Pushover and nonlinear time history analysis evaluation of a RC building collapsed during the Van(Turkey)earthquake on October 23，2011[J].Natural hazards，2014，70(1)：657-673.

[89] 范重，吴学敏.带有双塔楼高层建筑结构动力特性分析[J].建筑结构学报，1996

（6）：11-18.

[90] 曲哲，叶列平，潘鹏.建筑结构弹塑性时程分析中地震动记录选取方法的比较研究[J].土木工程学报，2011（7）：10-21.

[91] 北京金土木软件技术有限公司.SAP2000 中文版使用指南[M].北京：人民交通出版社，2012.

[92] 李云贵，邵弘，田志昌.弹塑性动力时程分析软件 EPDA[J].智能建筑与城市信息，1999，17（6）：53.

[93] 杨志勇，黄吉锋，邵弘.弹性与弹塑性动力时程分析方法中若干问题探讨[J].建筑结构学报，2009（S1）：213-217.

[94] 尚晓江.高层建筑混合结构弹塑性分析方法及抗震性能的研究[D].北京：中国建筑科学研究院，2008.

[95] 张立芹.关于唐山地震波下的结构减震分析[D].济南：山东大学，2013.

[96] 徐培福.复杂高层建筑结构设计[M].北京：中国建筑工业出版社，2005.

[97] 肖从真，邓飞，陈才华.地震作用下大底盘双塔结构层剪力分布研究[J].建筑结构，2017（11）：7-12.

[98] 游冰.弹塑性分析在超限高层混合结构抗震性能设计中的应用[D].西安：西安建筑科技大学，2013.

[99] 韩小雷，陈学伟，林生逸，等.基于纤维模型的超高层钢筋混凝土结构弹塑性时程分析[J].建筑结构，2010（2）：13-16.

[100] 王伟.基于弹塑性分析方法的超限高层混凝土结构抗震性能研究[D].合肥：合肥工业大学，2013.

[101] 王召猛，刘文锋，张怀超，等.高层框筒结构抗震性能的动力时程分析与研究[J].工程建设，2018（3）：7-13.

[102] 陶萱榕.地震作用下钢筋混凝土框架"强柱弱梁"屈服机制的研究[D].兰州：兰州理工大学，2010.

[103] 张纯.某大底盘多塔结构动力弹塑性时程分析[D].北京：清华大学，2015.

[104] 鄞鉴章.渤海湾的台风和台风浪的特征分析[J].黄渤海海洋，1987（4）：19-32.

[105] 罗叠峰.沿海地区高层建筑抗风现场实测研究[D].长沙：湖南大学，2015.

[106] 吕校华，谭德权，冉祥辉，等.超强台风"桑美"的特点及其成因分析[J].气象研究与应用，2007，28（A2）：70-73.

[107] 张建国，顾明，张永山.高层建筑静力等效风荷载研究[J].广州大学学报（自然科学版），2005（6）：532-536.

[108] 冯鹤，黄铭枫，李强，等.大跨干煤棚网壳风振时程分析和等效静风荷载研究[J].振动与冲击，2016，35（1）：164-173.

[109] ZHOU Y, KAREEM A.Gust loading factor: new model[J].Journal of structural engi-

neering, 2001, 127(2): 168-175.

[110] 沈国辉, 王宁博, 孙炳楠, 等.基于风洞试验的高层建筑风致响应和等效风荷载计算[J].浙江大学学报(工学版), 2012, 46(3): 448-453.

[111] 周印.高层建筑静力等效风荷载和响应的理论与实验研究[D].上海: 同济大学, 1998.

[112] 黄友钦, 林俊宏, 岳启哲, 等.基于稳定等效的覆雪屋盖静力风荷载计算方法[J].西南交通大学学报(社会科学版), 2013, 48(4): 639-644.